U0095010

# 如何管理

IQ、EQ、PQ三維度，在現實中實現的框架與技能

# HOW TO MANAGE

The Definitive Guide to Effective Management

**6th EDITION**

JO OWEN

喬・歐文

謝樹寬 譯

# 如何管理 IQ、EQ、PQ三維度，在現實中實現的框架與技能

How to Manage, 6th edition: The Definitive Guide to Effective Management

作　　者　喬・歐文（Jo Owen）
譯　　者　謝樹寬
責任編輯　夏于翔
特約編輯　周書宇
內頁構成　周書宇
封面美術　萬勝安

總 編 輯　蘇拾平
副總編輯　王辰元
資深主編　夏于翔
主　　編　李明瑾
業　　務　王綬晨、邱紹溢、劉文雅
行　　銷　廖倚萱
出　　版　日出出版
　　　　　地址：231030 新北市新店區北新路三段 207-3 號 5 樓
　　　　　電話：02-8913-1005　傳真：02-8913-1056
　　　　　網址：www.sunrisepress.com.tw
　　　　　E-mail 信箱：sunrisepress@andbooks.com.tw
發　　行　大雁出版基地
　　　　　地址：231030 新北市新店區北新路三段 207-3 號 5 樓
　　　　　電話：02-8913-1005　傳真：02-8913-1056
　　　　　讀者服務信箱 : andbooks@andbooks.com.tw
　　　　　劃撥帳號 :19983379　戶名：大雁文化事業股份有限公司
印　　刷　中原造像股份有限公司
初版一刷　2024 年 8 月
定　　價　720 元
I S B N　978-626-7460-84-9

This translation of HOW TO MANAGE: THE DEFINITIVE GUIDE TO EFFECTIVE MANAGEMENT(6TH EDITION)
by JO OWEN is published by arrangement with PearsonEducation Limited
through BIG APPLE AGENCY, INC., LABUAN, MALAYSIA.
Traditional Chinese edition copyright:
2024 Sunrise Press, a division of AND Publishing Ltd.
All rights reserved.

版權所有・翻印必究（Printed in Taiwan）
缺頁或破損或裝訂錯誤，請寄回本公司更換。

國家圖書館出版品預行編目 (CIP) 資料

如何管理 : IQ、EQ、PQ 三維度 , 在現實中實現的框架與技能 / 喬 . 歐文 (Jo Owen) 著 ; 謝樹寬譯 .
-- 初版 . -- 新北市 : 日出出版 : 大雁出版基地發行 , 2024.08
512 面 ; 15x21 公分
譯自 : How to manage : the definitive guide to effective management, 6th ed.
ISBN 978-626-7460-84-9( 平裝 )
1.CST: 企業管理 2.CST: 企業領導 3.CST: 管理者 4.CST: 職場成功法

494　　113010889

# 目錄

## 第三章 情緒管理技能——與人打交道

## 第四章 政治管理技能——取得權力讓事情實現

## 第五章 管理商數的技能——管理職涯之旅

# 第六版改版說明

本書是培養成功所需的理性、政治、情感技能的經典之作。自第五版以來，管理的本質出現翻天覆地的改變。新冠疫情促成混合辦公和遠距工作的興起，這對管理帶來了三個深遠影響：

- **當管理的是遠距團隊時，所有事都變得更加困難：**不管是激勵、溝通、工作量、績效管理，甚至連目標設定都變得難上加難。管理者的技能門檻又再次被拉高。這對於優秀的經理人是好消息——最優秀的經理人可在這個新天地大顯身手。
- **命令和控制式的管理即將走入歷史：**當你沒辦法整天在背後盯著人看，要想進行微型管理（micro-manage）就會非常困難。管理者不能再一味命令和控制，必須更充分授權、更信任團隊，並強化影響和說服的技能，以上這些都是二十一世紀領導者標誌性的技能。
- **職場的舊規則已不再適用：**當每個人都在同一個辦公室裡工作時，團隊很快會找出工作上的不成文規定。在混合辦公和遠距工作的情況下，過去的這種確定感已經消失不見。當你在家工作時，甚至不清楚到底什麼時候算是主要上班時間——到底是時數重要，還是工作結果重要？

這些改變讓此刻成了擔任經理人的最佳時機。我們仍在尋找真正最有效的管理方式，而你則是開創工作和管理嶄新世界的先鋒。

在第六版，我們做了徹底的更新以反映這個職場新世界，它需要管理者提升自己的能力和改變自己的遊戲規則。這需要廣泛的第一手全球調查，以找尋和記錄在混合辦公的世界中新出現的最佳實務做法，以上這些研究在這個版本裡都有充分且詳細的介紹。

幸運的是，先前的版本已預測到許多即將出現的變化，諸如建立信任、培養影響力、管理政治，以及了解如何有效說服他人的重要性。如今，現實情況迎頭趕上了學術理論。

在這些改變之外，我也重新審查了整本書，更新故事和案例，並在適當的部分增加新的內容。另外，考量到大家的時間寶貴，我也盡可能濃縮了章節，以保留更多篇幅給新增內容。

儘管做出上述改變，本書的基本內容和框架並未改變：最佳經理人依然需要有智力商數（IQ）、情緒商數（EQ）和政治商數（PQ）的正確組合。本書不是一套管理學的理論，而是一本平易近人、人人都可操作的管理實踐。

第一章

# 導言

## 眞實世界的眞正管理者

在過去，管理簡單多了。老闆發號施令，工人埋頭苦幹；管理者[1]動腦，工人們動手，思考與實作是個別的活動。那是經理人的好日子，工人們則不好過。

曾幾何時，對管理者而言情況的發展出現了嚴重差錯。工人逐漸取得更多的權利，管理者則喪失了既有的優勢；工人的工時縮短了，管理者的工作時間則被迫加長。工人們從全天候營運模式（24/7 economy）得到了好處，管理者則承受壓力，始終無法從電郵、簡訊、和手機等「電子鐐銬」中脫身。另外，疫情與在家工作（Working from home，簡稱 WFH）讓情況變得更糟；在家工作代表的是——工作永遠沒完沒了。

管理不只變得更困難，定義也更含糊不清。仔細想想，你的組織成功與存活的規則；在制式的評鑑標準裡，恐怕找不到存活和成功的真正規則：

- 我想存活的話應該冒多大風險？想成功的話又該冒多大的風險？
- 怎樣的專案計畫適合去做？又有誰是理想的合作對象？
- 我什麼時候該挺身奮鬥？何時又該優雅地認輸？
- 在這個環境裡，真正把事情辦妥的方式是什麼？

• 要避免什麼樣的陷阱？
• 我如何向上管理老闆？

沒有政策手冊會告訴你這些東西，也沒有訓練計畫能幫助你。應付老闆沒辦法靠使用者手冊或保證書。談到重要規則時你只能靠你自己，政策處理的只是次要的規則。

在現實中，我們會藉由比較「成功存活的人」與「陷入掙扎的人」來找尋存活和成功的規則，接著，會設法歸納他們成功、存活或掙扎的原因。在你工作的所在觀察哪些人出人頭地，會發現在贏家之中，他們多半都有成功的過往紀錄。不過，在扁平化的組織裡，要知道某個工作真正是由誰負責的並不一定容易。

大多數評鑑系統尋找兩種特徵，它們有許多不同的稱呼方式。

1 譯注：在英文中，manager 一詞既是廣義的管理者，同時在企業中，也是管理某個團隊、執行特定任務，或負責某個部門組織的經理人。本書將依據這一詞出現時的不同情境，酌將其翻譯成管理者或經理人。

傳統上的管理者（動腦的人）理當要比工人們（動手的人）更加聰明。優秀的智商（IQ）很有用處。很多評估系統至今仍然會評估人們的IQ。許多商學院的入學測試仍然要根據IQ，以GMAT（一種常見的測驗）做為評估的形式。在公司，IQ常被描述為具備解決問題的技能、分析能力、商業判斷和洞察力。

**”光有腦袋並不夠。所謂的管理，是透過他人讓事情實現。**

然而，光有腦並不夠。所謂的管理，是透過他人讓事情實現。許多有高智商的聰明人會聰明過頭以致什麼事都做不出來，所以，大部分公司也尋找具備良好人際技能，或所謂有良好情商（emotional quotient，簡稱EQ）的人。這種特質會被形容成有團隊精神、適應力佳、人際關係良好、具個人魅力、善於激勵士氣，以及其他代表ＥＱ的類似代號用詞。

現在，我們用ＩＱ和ＥＱ的判別標準來看看誰成功、誰失敗。看看你周遭的工作環境，應該會發現有不少管理者有良好的ＩＱ和ＥＱ——先不管媒體的刻板印象，聰明（ＩＱ高）和善良（ＥＱ高）的經理人確實存在，但是你也會發現不少聰明又善良的人在公司備受冷落，默默無聞且工作表現未達理想，他們廣受喜愛卻毫無升遷機會。另一方面，不少成功的經理人既非特別聰明也不特別善良，卻能利用其他聰明善良的經理人當作墊腳石，登上權位的頂峰。

顯然有東西被遺漏了。好的ＩＱ和ＥＱ固然有幫助，但還不夠。有另一個等著經理人去跨越的障礙。一如既往，經理人的工作愈來愈艱難，而非更輕鬆。

這個新障礙是關於政治的熟練度，或稱之為政治商數（political quotient，簡稱ＰＱ）。有一部分的ＰＱ是與了解如何取得權力有關。不只如此，還牽涉到了解如何利用權力讓事情實現。這讓ＰＱ成了管理的核心議題，因為管理的重點就是要透過他人讓事情實現。

當然，所有管理者一直都需要某種程度的ＰＱ。不過在過去指揮和控管的科層制度下，要讓事情發生並不需要太多PQ，下一道命令通常就已足夠。反觀在今日扁平、矩陣式（matrix）[2]組織裡，權力變得較分散且模糊。如果說管理在過去是關於如何透過他人讓事情實現，那麼現在的管理則是關於如何透過非你所控制、甚至非你喜愛的人讓事情實現。如果說管理出現一場革命，那也不是關於技術上的——技術的革命已經伴隨我們至少兩百年了。管理革命，是關於如何在一個遠比過往更加複雜、困難，且模糊不明的世界裡讓事情實現。

要讓事情實現，意味著必須建立盟友、尋求協助和支持，並把聯繫延伸到正式權限範圍之外。許多你所需要的資源，可能根本不存在於你自己的組織裡。管理者為了達成他們的目標，如今需要PQ的程度更勝以往。

成功的經理人是三維向度的，他們同時具有IQ、EQ和PQ。這三個能力各自包含一連串可透過學習而獲得的技能。要成為好的經理人，並不需學術上的聰明智慧——許多學術機構充斥著聰明的人和不良的管理。本書讓你明白如何成為管理方面的聰明人，而不需學術上的聰明。同樣地，EQ與PQ也代表了所有管理者可透過學習而得的技能。

在本書中，我們勾勒出IQ、EQ和PQ背後的管理技能，其說明了該如何建構你的能力，並在管理革命中存活並獲致成功。它跨過日常管理的喧囂爭鬥和管理理論的喋喋不休，專注在討論管理者所需的關鍵技能和干預措施。同時也說明了在一個愈來愈艱難且複雜的世界裡，你必須要做什麼，以及如何去做。

作為理解管理革命的第一步，首先，要看看這場革命從何而來，且又要帶我們走向何處。

2 譯注：矩陣式組織（Matrix Organization）是一種組織架構，它的特點是組織中同時存在兩種或多種組織結構，通常以矩陣狀的組織圖形來表示。在矩陣式組織中，組織成員不僅依照傳統的功能部門劃分，如行銷、研發、生產等，還按照不同的專案或產品組成專案團隊，這些專案團隊通常由來自不同功能部門的成員組成。這樣的組織架構可以實現跨功能和跨部門的合作工作，提高溝通和協調效率。

# 理性管理

自有文明以來，就有管理——即使一開始人們尚未明白。現代管理隨著工業革命開始演化成為一門獨立學問，因為大規模的營運需要大規模的組織。

早期的組織管理和管理策略根據的是軍事策略和組織，即典型的指揮和控制（command and control）。慢慢地，產業管理逐漸演化脫離了軍事管理。一如牛頓發現了力學的定律，管理者也嘗試尋找商業與管理難以捉摸的成功方程式。至今學術界仍在追尋這套方程式，不過成功的創業者不需要一套理論也能成功。「科學管理」（Scientific Management）是意圖掌握成功的早期嘗試。

美國科學管理大師腓德烈·泰勒（Frederick Taylor），在一九一一年出版了《科學管理原理》（*The Principles of Scientific Management*）。我們可從以下這段話一窺他的想法：

「對一個適合以處理生鐵做為固定職業的人來說，首要的要求之一是他必須如此愚蠢和遲鈍，以致他的心智結構比其他類型的人更類似於牛。基於這個理由，心智上敏銳聰穎的人完全不適合，因為對他而言，這類型的工作是折磨人的單調乏味。」

整體而言，泰勒對工人沒有太高的評價，他認定工人只要有辦法逃過懲罰，就會想盡辦法偷懶。不過他的研究並非根據一己的揣測，他也透過密切觀察加以佐證。於是也導引出了在當時屬於革命性的幾個觀點：

- 工人被允許休息，因為休息讓他們更有生產力。
- 不同類型的人應該給予不同類型的工作，在適當的職位會更有生產力。
- 生產線拆解了組裝汽車或準備速食這類複雜工作的步驟，讓生產力極大化，同時讓員工所需技能和成本降到最小。

以上這些教訓，至今依舊被應用著。

科學管理，或理性管理（rational management）的風潮，隨著亨利·福特（Henry

Ford）引入製造汽車的移動式生產線興起。從一九〇八年到一九一三年之間，他完善了這套概念並開始生產T型車（Model T），他用充滿自信的行銷口吻稱它是「為大眾打造的汽車」。到一九二七年為止，大約一千五百萬輛T型車從生產線問世，讓一般民眾也買得起車子，橫掃了工匠量身打造昂貴汽車的手工產業。

理性管理即使到了二十一世紀依舊生猛有力，它存在於快遞送貨員的零工經濟之中、存在於速食店和電話客服中心裡時運不濟的操作人員，他們只能按表操課，跟機器沒什麼兩樣。許多公司已經採取了下一個合乎邏輯的步驟，把人全部撤走，於是消費者只能跟演算法管理的電腦和工人對話。

工人們已經發現到，當老闆是套演算法時，就是不在乎個人情況的暴君。演算法是科學管理扭曲之後的極致典範，將生產力極大化，但對工人的福利毫不在意。

## 情緒管理

利用理性和科學管理的世界相對簡單，因為它根據的是觀察和冷靜計算。然而接下來，事情對管理者而言突然變得複雜起來。

不知道從何時開始，有人發現工人不只是生產單位，他們甚至可能是消費單位。他們有希望、有恐懼、有情感，甚至有時還會思考。說老實話，他們也是人。這確實讓管理者有點傷腦筋，這表示他們**不光是要應付問題，同時還要應付人**。

時間久了，人變得愈來愈難應付。工人受到更好的教育、具備更好的技能；他們現在可以做出更多貢獻，但是他們的期待也更多。他們變得更有錢也更獨立。工廠城鎮（factory town）[3]的來日無多，僱傭關係出現了一些替代形式。福利國家（Welfare State）因那些不能或不願找工作的人而興起。雇主失去了強制力，他們

3 譯注：是指圍繞一家工廠發展出來的聚居城市。在十九世紀常見的是棉花或生產紡織品的工廠市鎮。

無法再要求員工的忠誠，忠誠得靠他們自己去爭取。慢慢地，職場逐漸由服從文化（culture of compliance）轉變成承諾文化（culture of commitment）。

管理的挑戰在於創造高度承諾的職場，激發人們的希望，而不單只是操弄他們的恐懼。在腓德烈・泰勒的書問世八十四年之後，哈佛大學心理學博士丹尼爾・高曼（Daniel Goldman）在一九九五出版了《EQ：決定一生幸福與成就的永恆力量》（*Emotional Intelligence: Why It Can Matter More Than IQ*），化身情緒管理新時代的宗師。事實上，他是在普及早已興起數十年的思維。早在一九二〇年，哥倫比亞大學的美國心理學家愛德華・桑代克（E. L. Thorndike）就開始著述「社會智力」（social intelligence）。長久以來，思想家已經了解到聰明思考（高IQ）與生活的成功並不直接相關——似乎還有其他重要的東西。

在職場，很早就有關於情緒智力（EQ而非IQ）的實驗。特別是在日本，透過Kaizen（持續改良）[4]這類的新運動，連汽車生產線上，都能讓工人的參與得到長足進展。諷刺的是，他們的靈感大部分來自愛德華茲・戴明（W. Edwards Deming）這位美國統計學家。直到日本人借助他的想法在美國汽車工業大殺四方之後，戴明的觀念才在美國被廣泛接受。

到了二十世紀末，管理者的工作已遠比十九世紀末要複雜許多。二十世紀的管理者需要跟他們一百年前的前輩們一樣聰明，不過除了需要應付問題的IQ，還需要與人交涉的EQ。大部分管理者發現自己可能只有一方面較在行，換言之，幾乎很少有管理者真正兼具良好的IQ和EQ。有效管理的工作要求，已經被大幅調高了。

4 譯注：Kaizen 即日文漢字「改善」，其羅馬拼音如今已被英文字典收錄，專指起源於豐田公司，在生產、機械和商務管理中持續改進的管理法。如今，全球眾多領域和機構皆採用這套方法。

# 政治管理

二維式的管理者只存在於卡通之中，真實的人和真正的管理者都是存在於三度空間。高智商和高情商的概念雖好，但不足以解釋不同類型管理者的成功與否，其中還缺了點東西。

要找出失落拼圖的第一個線索，必須了解組織是為了衝突而設的。對此，許多學術界的人可能會很意外，他們以為組織是為了合作而設的。在現實中，管理者必須為爭取組織中有限的時間、金錢和預算奮戰。需求永遠多於資源，而內部的衝突是決定這些優先順序的方法。行銷、營運、服務、人資，以及不同產品和區域，都為了這塊大餅你爭我奪到最後一刻。

對許多管理者而言，真正的競爭不是在外面的市場，而是隔壁的辦公桌，大家爭取同樣的升遷機會和同一筆分紅。

**對許多管理者而言，真正的競爭不是在外面的市場，而是隔壁的辦公桌，大家爭取同樣的升遷機會和同一筆分紅。**

失落拼圖的第二個線索，是觀察在公司裡預算、時間、薪酬和升遷的競賽中究竟誰贏誰輸。如果我們相信高IQ和高EQ的理論，那麼最聰明和最善良的人都應該爬上最頂端。然而，隨意觀察大部分組織的情況，顯然並非如此。聰明和善良的人不一定都會贏；有些人在公司的雷達螢幕徹底消失，或成了工作表現不符預期的無名之輩。另一方面，我們多半都見識過既不聰明，也不令人感到愉快的資深經理人，但他們卻神祕地竄升到手握大權的重要職位。

很顯然，IQ和EQ之外，還有別的東西。

在飲水機旁的短暫閒聊，往往就足以發現少了的是什麼。在茶水間，話題往往會導向公司的升官圖裡誰上誰下、誰當紅誰失勢、哪個人正為誰做什麼事、有什麼大好機會即將出現、有什麼新任務會是燙手山芋、又該如何閃避。這類話題說明了人不只是社會的動物，也是政治的動物。

在任何組織都免不了政治，政治也絕非新鮮事。莎士比亞（William Shakespeare）的《凱撒大帝》（*Julius Caesar*）把政治戲劇化；馬基維利（Niccolò Machiavelli）的《君王論》（*The Prince*）是文藝復興時代成功政治管理的指南。政治一直都在那裡，但向來被看成是有點兒骯髒的題目，不適合當作學術分析或企業訓練課程。凱撒被謀殺說明了沒有好好解讀政治，會有什麼結果。如果有任何人說（就像布魯圖斯對凱撒說的）「我會在後面挺你」，警覺的管理者會知道，這人正準備從背後刺他一刀。

對某些人來說，政治是惡性的力量，是算計如何從背後捅別人一刀，但對有效率的管理者而言，它是良性的力量。PQ（政治商數）是讓組織配合運作，為你做事的一門藝術，它讓你能透過組織中非你所控制的一部分，讓事情實現。這讓它成了現代管理的核心，因為管理者知道他們並未控制著成功所需的所有資源。

IQ和EQ並不足以處理這類的政治。為了控制和權力，有持續不斷的爭奪。

組織需要不停改變，不光只是為了換人來做，也關乎改換組織裡的權力平衡。這是深度牽涉政治的行為，成功的管理者需要深度的政治與組織技能。

政治的重要性正在持續提高，因為管理的本質正在改變。過去二十年來，管理正進行著緩步的革命。每天看下來，除非它以迅雷不及掩耳的速度透過外包（outsourcing）、境外轉包（offshoring）、流程再造（re-engineering）將你掃除掉，否則無法看出革命正在發生。但是二十年下來，很清楚可以看到舊秩序正在消失，新的秩序已然浮現。

舊秩序是以指揮和控制為基礎。管理者的工作是透過指揮鏈向下傳遞命令，並向上回傳訊息；過去有效的管理者，是透過他們所控制的人來讓事情實現。如今一切都已改觀，因為管理者不再控制讓事情實現所需的所有資源。有效的管理者要讓事情實現，必須透過非他們所控制，甚至非他們所喜愛的人。

全球疫情加上遠距和混合工作模式的興起，加速了這項趨勢。你很難對幾乎整天碰不到面的人進行微型管理。傳統的指揮和控制在這個新世界已經行不通，你沒辦法簡單命令同事、顧客和主管按你說的話去做。你必須學習一套全新的技能，它牽涉到影響、說服、建立信賴網絡、確保資源和團隊、不靠正式權力讓事情實現——這是PQ的真實世界。

顯然，一些管理者和一些組織仍活在指揮和控制的舊世界。運用演算法指揮外送員，以及使用鍵盤監測器和全天候監視錄影的科技，就等同十九世紀的指揮和控制系統。不過這些工作方式違背了時代的潮流，甚至在公部門也是如此。如果想要飛黃騰達，要確保自己站在革命正確的一邊。掌握PQ的技能，會讓你在更複雜、界限更含糊，同時也比過去機會更多的世界裡大展鴻圖。

## 管理商數

或許，現在是時候要明白真正的管理者是三維向度。除了高IQ和高EQ，他們還需要高PQ：政治商數。在管理上如果有所謂成功方程式，或許能總結如下：

MQ＝IQ＋EQ＋PQ

**（管理商數）＝（智商）＋（情商）＋（政治商數）**

MQ是你的管理商數。要增加你的MQ，必須打造IQ、EQ和PQ（見圖1-1）。

這套成功方程式說起來容易，要做到卻不簡單。

MQ談的是管理實務，而非管理理論。在本書中，將告訴你如何把MQ當成簡單的框架，以便於：

- 評估自身的管理潛力。

- 評估團隊成員並幫助他們找出改進之道。
- 找出並打造你成功所需的核心技能。
- 找出在你組織中存活和成功的規則。

這套MQ方程式有無數種運用方式，或成功或失敗都有可能。每個人各自用不同的方式發展和應用IQ、EQ和PQ以適合不同的情況。每個人的管理風格都如他們的DNA一樣是獨一無二的。本書並不是提供製造管理複製人的方程式，它比這還要更好，是提供一套框架和工具，幫助你理解和處理管理方面常見的挑戰。

有些人把框架看待成囚牢，以致他們漫不經心地用同一套公式應付每一個情況；有的人卻懂得把框架當成建築的鷹架，他們配合特定的情況來採用工具，打造屬於自己獨特的管理風格。本書協助你調整工具和框架，不只是說明理論，同時說明現實中哪些方法可行，更重要的是它也告訴你哪些不可行。

我們都是從經驗中學習，包括正面和負面的經驗。這本書把幾千年來管理實務上累積的經驗塞入了幾頁紙中。善加利用本書，便可以按照自己的方式來打造你的MQ，進而獲得成功。

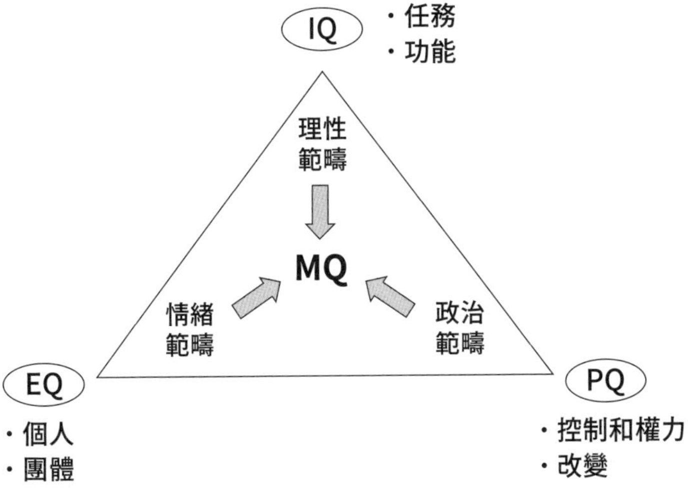


圖 1-1：MQ 的組成元素

## 第二章

# 理性管理技能

## 處理問題、任務和金錢

當一個聰明的經理人跟當一個聰明的學者並不一樣。傑出的教授很少會成為偉大的經理人，與此相對，許多當今最優秀的創業家甚至是大學中輟生。比爾・蓋茲（Bill Gates）、勞倫斯・艾利森（Lawrence Ellison）[1]、李嘉誠、馬克・祖克柏（Mark Zuckerberg）和阿曼西歐・奧蒂嘉（Amancio Ortega）[2]都不需靠文憑就創造了億萬財富。伊隆・馬斯克（Elon Musk）進了史丹佛大學兩天之後就退學，但上述這幾位都是名列全世界前二十名最富有的人。

詢問偉大的經理人是什麼造就了他們的偉大，其實等於在練習奉承和討好，能問出來的多半是老生常談和自我褒揚的空話。這我自己試過了——連試一次都不值得，就別再嘗試了。他們會說的，大半是類似「經驗」和「直覺」這類的事，實在是超級沒用。直覺這種事不可能教得來，至於經驗，則是阻擋低階經理人在頭頂白髮夠多之前晉升高層的好藉口。由於我不可能把他們的大腦連上機器一整天，只好尋找其他辦法來找出這些經理人在想些什麼。於是，我採用了退而求其次的方法：我決定觀察他們工作，觀察人們工作永遠比自己實際工作要愉快多了。

每個人和每一天的情況都是獨一無二的。有些人做事喜歡面對面，不愛用電子郵件交代事情；有些日子完全耗在幾場重大的會議；有的人工作時間長、有的人比較短。不過一旦把這些差異擺到一邊，就會發現經理人一天的工作有以下這些熟悉的模式：

- 時間高度破碎化。
- 要管理多項且相互競爭的議程。
- 要管理多個部門單位。
- 不斷湧入新訊息，需要持續作出反應、改變和調整。
- 獨自工作的時間少。

這是大部分經理人熟悉的模式，它曾被比喻是一邊拋接球雜耍，一邊用分段百米衝刺的方式跑馬拉松而不讓球掉下來。在這樣的世界裡，要忙碌不堪很容易，但

1 編注：美國甲骨文（Oracle）公司的共同創始人和董事長。
2 編注：西班牙首富、西班牙服裝業 ZARA 創辦人。

是要產生具體影響卻很困難。有做事，並不代表有成果。當今經理人的挑戰是事情做得更少，但成果要更多。

**”有做事，並不代表有成果。**

現在，讓我們看看正常的經理人在一天工作中，你「不會」看到的是什麼：

- 做出決策時，使用貝氏分析（Bayesian analysis）和決策樹（decision tree）這類正式工具。
- 解決問題時，不論是一人獨自靜坐深入思考或團體合作，使用正式的解決問題技巧。
- 正式的商業策略分析。

我們會注意到，很多在MBA學到的工具，不會出現在絕大部分經理人的日常中：組織和策略的理論不見蹤影；財務和會計工具在功能上仍僅限制在財務和會計；行銷工具對營運和IT部門的大多數人仍有如謎語。

雖然，這些工具在大部分經理人的日常工作中不常出現，並不代表它們無關緊要。它們或許只偶爾派上用場，但往往會是在關鍵時刻。如果經理人一天到晚對業務進行策略檢討，大部分組織大概無法存活長久，但是執行長每五年好好做一次策略評估，則可能讓公司業務改頭換面。

到目前為止，我對管理這門藝術的探索，似乎迷失在日常管理活動的喧囂之中。看起來，偉大的經理人並不需要學識上的聰明，也不需要出現在課本與課堂上標準的知識和分析工具。但是，大概只有膽大包天的人才會批評比爾・蓋茲和伊隆・馬斯克腦筋不靈光。所有我們訪問過的領導者和管理者的聰明程度，都足以登上權勢的高位。他們是聰明人，但不是傳統學院式的聰明——管理的智慧不同於學術的智慧。於是我們決定更往下挖掘，姑且打破「當人在洞裡，就別再挖了」（When in a hole, stop digging.）[3]的黃金定律。我們希望我們不是在挖洞，而是挖掘出理解管理思維的基礎。

最終，我們發現以下這些基本要件（在本章將分別探討），這些是任何管理者都可以透過學習而獲得：

- 以終為始：專注在結果。
- 取得成果：表現和認知。
- 做出決策：快速獲得直覺。
- 解決問題：囚牢和框架，以及工具。
- 策略思考：地板、浪漫和經典。
- 設定預算：績效的政治學。
- 預算管理：年度的例行舞步。
- 成本管理：把痛苦降到最低。
- 靈活運用報表：重點是假設，不是數學。
- 有效利用時間：不要做白工，要做出成果。

如果要講求學術上的嚴謹，或許上述技能不全都應該放在管理ＩＱ的這一章，不過這個隨機安排，有它背後的一套方法。

專注在結果和取得成果（「以終為始」和「取得成果」）被包括在這一章是因為它們是有效管理者的核心思維。有效管理者的思考方式是由達成結果的需求所推動，其所衍生出來的思考風格是高度務實、步調快速，且通常跟在教科書與學院裡會看到的任何東西都很不一樣。它關心的是**成果是什麼，而不是你做了什麼**。

「做出決策」、「解決問題」和「策略思考」是典型的ＩＱ技能。教科書裡說管理者該怎麼想，與他們真正怎麼想，這中間有很大的差別。教科書找的是完美的答案，但完美的解答是實用的解決方法的天敵。尋求完美將導致無作為，實用的解決方法則引出好的管理者所想要的東西：也就是行動。對許多管理者來說，真正的重點並不在找到答案，真正的挑戰是在「找出問題」。真正好的管理者在試圖找到

3 譯注：英文俗諺，意思類似於適可而止，勿愈陷愈深。

實用的解答之前，會花比較多時間去設想問題是什麼。

> **完美的解答，是實用的解決方法的天敵。**

「設定預算」、「預算管理」、「成本管理」和「熟練使用報表」或可稱之為FQ——也就是財務商數（financial quotient）。我們或許預期財務和會計是百分之百屬於IQ的部分。那我們就百分之百搞錯了。

理論上，財務管理是高度客觀且屬於智識的演練，答案不是對就是錯，要不數字可以兜起來、要不就是兜不起來。但對管理者而言，智識上的挑戰只不過是問題的一小部分。主要的挑戰非關智識，而在於政治。大多數財務方面的討論和協商是關於錢、權力、資源、承諾以及期待等問題的討論。就許多方面而言，財務管理可能比較適合放在PQ（政治商數）的那一章。不過，基於對金融理論的尊重，我們把它放在關於IQ的一章。

以下的段落，我們還是會用到該用的理論。理論並非毫無用處，好的理論可以為缺乏結構且複雜的議題提供框架，幫助我們建立結構和理解議題。不過，我們主要的重點，是管理者如何在實務上發展和運用這些IQ技能的方法。

# 以終爲始：專注在結果

長期以來，管理者被教導「先到的先辦」（first things first），但這其實是一句沒有意義的廢話，端看你如何定義「先」。在實務上，管理者並不是一定要從頭開始。有效的管理者會以終為始。匆忙的讀者們，讓我們再複誦一下：**有效的管理者會以終為始**。

從渴望的結果倒推回來努力，而不是今天開始蹣跚向前，這是好的管理者的思考與工作的核心。重視結果至為重要，因為它可以達成以下的成果：

- 釐清思路，把注意力放在重要的事情上。
- 促使人們採取行動，而不是做分析。
- 找到積極邁進的方法，而非為過去的事情擔憂。
- 簡化優先事項。
- 協助找出潛在的障礙並予以避免。

相對而言，把注意力放在結果，是較容易學習的一門課。只需要反覆探問四個同樣的問題：

一、我想從這個狀況中達成什麼結果？
二、其他人期待從這個情況中，得到什麼結果？
三、達成這個結果，最少需要幾個步驟？
四、這個行動的過程會產生什麼後果？

持續不斷追問這四個問題，會發現困惑的迷霧大半消失了，從而有辦法推動團隊採取行動。

## 我想從這個狀況中達成什麼結果？

回答這個問題能促使我們採取行動，並賦予人們清晰感和使命感，同時這也是掌控情勢並從中獲益的方法。如此一來，可以避免依賴於他人的議程、完全被動做出反應，或陷入分析的困境。以下是兩個說明論點的例子：

**案例一**

某個專案出了可怕的大錯：可能超出了時間和預算。團隊開始進行調查，事情很快演變成各說各話、互相推諉究責的找戰犯大賽。眼見大勢不妙，這時團隊領導者停止大家的爭論並提出問題：「好吧，這個專案的時間我們只剩兩個星期。現在問題是，未來兩個星期我們能做些什麼，來達到一個相對滿意的結果？」

突然間，原本的爭論從防禦性的分析，轉變成團隊能夠做什麼的積極討論。領導者讓團隊把注意力放在結果和行動，而不是問題和分析。

**案例二**

分析師做了很棒的工作。她整理了非常豐富的資料，結果是，她的簡報初稿實在令人難以消化。每一筆資料都非常棒，難以割捨。於是，她的主管要求她把重點放在簡報想要達到的目的。她期望達到的目的很簡單：讓公司同意一個新企劃案。

突然之間，她很容易就能夠把重點放在說服企劃案決策者的故事線上。討論的重點不再是「簡報裡該捨棄掉什麼？」而是「要說明我們的主張，最低限度必須放進來的有哪些東西？」原本簡報裡大約九十%的內容就此消失，成了不會有人去讀的附錄。分析師學到了一點，簡報或報告並不是把全部的話通通講完才叫做完成，當你沒辦法濃縮得更短才算是完成。簡短扼要比長篇大論困難得多。**做簡報或寫報告就像打磨鑽石一樣，都非常需要漂亮的切割。**

## 其他人期待從這個情況中，得到什麼結果？

大部分管理者可說都是在服務客戶，然而這裡所謂的客戶，可能是老闆、同事或外部的合作夥伴。無論如何，管理者是在支持其他人設定的議題。在任何情況下，「理解他人的需要」是釐清什麼是渴望的結果的最簡單方法。只要釐清這個問題就能讓管理者得以：

- 簡化並專注手上的任務，如此一來無關緊要的工作很快就消失。

- 預測與防範問題。
- 帶給對方適切的結果。

回頭看看上述兩個例子。在兩個案例中，相關人士都能從理解「對方」想要什麼，而知道自己需要做什麼：

- 專案的團隊把重點放在客戶要的結果。
- 分析師的簡報專注在建立一套簡單的訊息，給需要看這份簡報的人。

## 達成這個結果，最少需要幾個步驟？

很多人會把事情愈弄愈複雜。有的人見樹不見林，但也有人看到所有的樹枝、樹幹、樹葉，還是看不見那棵樹。有效的管理者有一套化繁為簡的訣竅。由於所有管理者的時間壓力都愈來愈大，所以它已經成了一個重要技能。想找出步驟最少的做法，需要再多問幾個問題：

- （再問一次）想要得到的結果是什麼？
- 是否有簡單的捷徑：能否接受一套由某人提供的所有或部分解決方案；是否有核准人可以簡化正常的核可管道？
- 能不能適用「80／20法則」：藉由專注在極少數的重要顧客、真正對議題有決定性的關鍵分析，或是解決兩個製造最大問題的既定成本——你能否只花費二十％的心力來達成八十％的成果？
- 有哪些關鍵依賴[4]？正常而言，事件有其邏輯順序，先有訂單再生產、先運送後完再寄帳單。建立這套邏輯順序，即便是難纏的問題也能拆解成便於管理的分段小問題。

4 譯注：關鍵依賴（critical dependencies）是指在項目或系統中必須滿足的關鍵要素，如果其中任何一個要素出現問題，就會對整個項目或系統造成嚴重的影響。如文中所述，訂單、生產、運送和寄送帳單四者有其邏輯順序，彼此環環相扣，即屬於產品銷售流程中的關鍵依賴。

## 這個行動的過程會產生什麼後果？

這個問題是關於預測風險、問題、非意圖後果，和令人不快的提問。如果能預測問題，就可以預做防範。在這個階段，或許你可以容許一點複雜的思考重新納入行動的流程裡。

理論上，除了非歐幾里德幾何（non-Euclidean geometry）之外，兩點之間最近的距離是一直線，但實際上，最快的路線往往不是直線。當你逆風航行時，兩點之間最快的路徑是「之」字形，因為直迎著逆風會讓你難以前進。大部分曾嘗試逆著組織的「政治風」前進的管理者，應當都能理解這類的經驗。

**”有效的管理者，有一套化繁爲簡的訣竅。**

## 高效管理的思維

**一、以終爲始：**專注在想要達成的結果。持續不懈，保持專注。

**二、藉助他人的努力：**切莫嘗試孤軍奮戰。管理的重點是透過他人讓事情實現。學習透過同儕、長官，以及團隊成員合作，從中發揮影響和激勵作用、建立可信度和信賴感。

**三、採取行動：**分析會展現聰明，但行動才會展現效率。不要尋求完美的答案，因為你永遠找不到它。完美的答案是務實解答的天敵。找到有效的做法，做下去就是了。

**四、承擔責任：**切勿卸責給他人，莫專注於過去。要專注在未來、行動和成果。你要為結果、為你的職務、為你的行為和你的感受負起責任，請充分利用這一點。

**五、要（選擇性的）不講道理：**如果接受藉口，就等於接受了失敗；要鞭策你自己和你的團隊。對於目標不打折扣，不過對於該如何達成目標，必須保持很大的彈性。

**六、要有所不同：**衡量工作表現的方式，看的並不是電子郵件和開會的數量，而是根據成果來衡量。展示自身與二層、甚至三層的上級主管之間彼此工作上的相關性，努力進行具有高度影響力的工作事項。

**七、積極主動：**別等著被吩咐工作。如果看到機會或問題，要把它當成發光發熱的機會，把它接手下來做。勇於擁抱含混不清和危機，將它們視為成長、學習以及發揮的機會。

**八、適應力：**生存與成功的規則隨組織和層級而改變，別成了過往成功的囚犯。要在新環境中持續學習、成長，並適應新的生存與成功之道。

**九、努力工作、聰明工作：**沒有所謂捷徑或神奇公式，一切都得靠努力，但是要聰明工作，比如：有效管理時間；專注在該專注的事情；要藉助他人來工作，不要試圖獨攬全部的事。

**十、扮演好自己的角色：**你所做的事、你的外表和行為，都要扮演他人的榜樣。你的行事要符合你對同儕行事的期待。給自己設定高標準，並持續提升自己的標準。

要計算出大部分行動的後果，最容易的方法是知道誰是主要的利害關係人，並了解他們會如何反應。每個利害關係人各有不同的立場，會有不同的判別標準和需求，例如：財務部門會擔心負擔能力和投資回報；行銷部門會關注競爭對手反應；銷售部門擔心的是價格和市場定位；人資部門關注人力的配置。

一旦掌握了每個人感興趣的部分為何，就可以做出連結各個部門的規劃，確保每個單位都能夠滿足他們自己的需求。

## 取得成果：表現和認知

管理者必須取得成果，然而，這個成果不必然與獲利有關，畢竟並不是每個人都要負擔公司盈虧的責任。管理者負責的，可能是專案的結果、產出的品質、成本、產品設計、開發與運送，還有招募和訓練員工……，或許還有無限多的結果要由管理者來負責。最終而言，對管理者的考驗就是要確保達成這些結果。

不管好壞，許多組織並不太注意結果是如何達成的，除非其中涉及不道德或違法行為。反過來說，如果管理者無法達成所要的結果，管理者就算失敗。**好結果永遠勝過好藉口。**

基本上，有五個方式能幫助管理者達成可被接受的成果：

一、更努力工作。

二、更聰明工作。

三、修訂基準線（baseline）。

四、對預期目標達成協議。

五、成果管理。

## 更努力做事

在強調工作與生活求得平衡的時代（也就是希望工作能少一點的代稱），要人們更努力工作有點令人難忍受。但如今也是全天候不休息的時代，我們時時刻刻都被標示在各種不同的電子標籤上，如同囚犯的腳鐐一樣限制了我們的行動，即使在家工作也無從逃脫。不過，更努力工作並不是長久的解決之道。

基於大部分管理工作的模糊本質，老闆並不知道每一位經理人真正投入了多少心力；要是你達成了成果，他認定的是你還可以做更多一些，於是努力工作的獎勵，是工作愈來愈多。只有當你達不到目標或抱怨得夠大聲時，工作量才有可能減少。努力工作是必要的，但光是努力還不夠。

## 更聰明工作

這正是執迷於結果的人所渴望的結果：找到做事情更好更快更便宜的方法。更好更快更便宜，是資本主義的精髓所在。當一位管理者達到了更好更快更便宜的目標，最理想的結果是獲得升遷。然而，通常它所帶來較立即的後果和更努力工作一樣：工作負擔加重，而不是工作時間減少。和更努力工作一樣，更聰明工作雖然必要，但光是它還不夠。

## 修訂基準線

拿下軟柿子要比攻克強悍對手容易。許多管理者都知道，與其認真工作十一個月攻克艱難的目標，不如花一個月時間努力談判出一個容易達成的目標。連一些執行長也是這麼做——觀察一下新任的執行長發現財務黑洞、必須抹消和調整公司目標的頻率。修訂基準線並不會提升公司業務的展望，但確實能提升職涯發展的前景。

## 對預期目標達成協議

大部分的戰役往往在開第一槍之前就勝負已定，同理，大多數的工作任務也是如此。能否成功取決於是否為成功做好了準備，這些準備包括：對結果做出正確的預期、有適切的資源、時間框架和管理支援。這些對經理人這份定義模糊的工作而言，非常重要。模稜兩可會導致重複工作、混淆和壓力；反之，清晰的目標讓你有清楚的焦點，當然，前提是要確認它們是正確的目標。

> 努力工作的獎勵，是工作愈來愈多。

以上這四種方法都要依靠管理者親力親為。這或許是必要的，不過再次重申，管理者的角色是透過他人來讓事情實現，於是就有了管理者的第五個方式，也就是成果管理。

## 執著於結果所帶來的意外後果

雖然專注於成果很重要，但有時過於執著於成果，會有一些預期之外的後果。在公部門，有許多執迷於目標達成，從而導致了怪異的結果，比如：

- **學校排名是依據學生的測驗結果：**校方會選最容易的科目來招收學生以提升學生及格比率。它們會嘗試以學生能力預先篩選，好讓整體成績比較好看。學生的成績提高了，但學校的教育卻沒提升。
- **醫院被要求必須縮短等候安排手術的時間：**它們用一些有創意的方法把人們從等候名單移到其他名目的名單；名單上的人必須短時間內頻繁重新掛號，於是未能重新掛號的人們便從等候名單消失。
- **政府需要支出，但也需達成債務目標：**於是它藉由讓民間組織接手主要基礎建設的計畫（和醫院、鐵路等相關），把開支和借貸從帳目中刪除。如果民間組織採取類似的手法，恐怕監管單位會開始提高注意。

不過，民間組織也好不到哪兒去，比如：

- 本書在金融風暴發生前的第一版就提到：「銀行依據貸款額度給予貸款承辦人員獎勵。借錢給人們很簡單，但把錢要回來不容易。當壞帳堆積如山時，貸款業務的人早已拿了分紅走人。」金融風暴無可避免，下一次仍會發生，因為一切都原封未動沒有改變。冒著巨大風險的交易員得到獎勵，與此同時即使搞砸了他們自己的損失也有限。
- 航空公司把飛航路線的預定飛行時間加長。比如說，倫敦到巴黎的時間比四十年前要晚二十分鐘，這讓航空公司得以宣稱有更多的航班準時抵達。
- 倫敦地鐵減少環線（Circle Line）的服務頻率，來「改善顧客滿意度」。這代表它能夠達成它所公布的、調低了標準的服務目標。最極端來說，如果它一小時只發一列車，就可以達到近百分之百的服務達成率，和百分之百的顧客不滿意度。

## 成果管理

管理者透過其他人讓事情實現。做事（努力工作和聰明工作）和管理（促成其他人更努力和更聰明地工作）之間有巨大的差異。凡是想要親力親為的管理者並不是真正在管理，且長期而言將注定失敗。管理是一個團隊活動。

> **身爲管理者，必須做出從「怎麼做」到「誰來做」的關鍵跳躍。**

身為管理者，必須做出從「怎麼做」到「誰來做」的關鍵跳躍。做為團隊的一員，當被指派一項任務時可能想的是：「我要如何做這件事？」反之，作為管理者，反應應該是：「誰可以做？或是誰來幫我做？」不論你回答「怎麼做」的問題多麼有創意，能夠達成的仍有其限制。然而，當你一開始就問「誰來做」，就不再受到個人時間、心力和洞察力的局限。你開始發揮出團隊和同事們的能力。

唯有當你專注在管理的本質，亦即：透過他人讓事情實現，才有辦法進行成果管理。你必須有正確的人，並用正確的方式來處理正確的挑戰，而本書的重點，就是告訴你如何透過他人讓事情實現。

## 做出決策：快速獲得直覺

好的管理者常被形容是有決斷力的人。「決斷力」就像其他「專業」、「效率」或「個人魅力」這類形容管理的詞一樣模糊，難以明確定義，同時沒有人能夠傳授，且被認定有些人有、有的人就是不行。

### 制定決策的原則

所幸我們發現，有決斷力的管理者通常會展現以下四種特定行為：

一、**偏重行動而非分析：**行動可達成成果，分析並不會。少一點分析往往可能導出更好的解決方法，因為它迫使討論著重在決定成敗的重大議題。一般而言，講究細節會讓決策停滯不前。

二、**解決方案偏好務實勝於完美：**要接受完美的解決方案並不存在。要找出實際可行的解決方法，即便它理論上並不完美。完美的解決方案是好的解決方案的天敵，因為追求完美會導致行動停滯。與此相對，好的解決方案則會導引出行動。

三、**與他人共同解決問題：**運用組織裡的集體知識、智慧和經驗以取得洞見。利用它來找出和避免主要風險和陷阱。別把問題解決的過程轉化成政治協商，以致讓解決方案成了安撫所有人而做的修訂版，如此為之的結果，會變成最不冒犯人的解決方案，而不是最有效的解決方案。

四、**承擔責任：**出現共同承擔責任或權責不清時，如果有勇氣站出來承擔責任，大部分的組織都會大大鬆一口氣，同時你也會多了很多追隨者。這是區分領導者與追隨者的關鍵時刻，勇於承擔，多數人就會很樂意追隨你。

上述行為是有決斷力的管理者的標誌，至少在解決延遲交貨、人員編制問題，以及預算爭議等這類小事上是如此。不過當管理者面對重大決定時，往往會忘了這些有用的本能。隨著問題規模升級，牽涉其中的人會增加，理性和政治的風險也會升高。突然間，管理者變得極端厭惡風險。為出了錯的決策負責任，是管理者最大的噩夢。為了避免這種命運，管理者求助於正規程序、長篇大論的分析，以及廣泛尋求諮詢，這不只是為了優化決策，更重要的也是為了分散責任。

## 風險練習

有機會可以用擲銅板（理論上是50／50的機率）來贏得一千英鎊，你願意付多少錢來玩這個遊戲？

如果玩足夠多次，五百英鎊應該是這個遊戲可獲報酬的平均數，但大部分人願意付的金額遠低於五百英鎊，因為擔心損失勝過了贏錢的期望。當然，如果遊戲的獎金是十便士，大部分人會很樂意花五便士賭一把。換言之，對風險厭惡的程度，會隨著可能損失的規模而提高。

因為即使決策有誤，每個人都參與了過程，如此將發現很難把責任歸咎給一個人。原本應該是理性的流程（做出決定）淪為政治的流程（避免為可能造成損害的解決方案承擔責任）。決定愈重大，管理者就愈加厭惡風險。

一般說來，做出有風險但正確的決定，其得到的回報相當低。你的成功可能因其他因素抹消，或是被別人搶了功勞，且很可能它對加薪升職的整體展望影響不大。但是做出有風險又不正確的決定，後果卻很嚴重——同事保證會把過錯怪在你頭上，你的聲譽會受到損害。

## 決策陷阱

### 分析多於行動

做分析很安全，拿出行動則有風險。不過分析往往拋出更多的挑戰和問題，以致需要更多的分析。慢慢地，這套解決問題的活動開始走調：所有人都陷入分析所拋出的挑戰與問題的迷霧中。分析造成的癱瘓，成了不樂見的現實難題。

## 追求完美多於務實

面對小問題時，抄捷徑似乎可接受，但是較大的問題需要更好的解決方法，至於最大的問題則值得用最完美的解決方案。完美的解決方案同時也必須是最沒有風險的解決方案。只不過，在雜亂無序的管理世界中，並沒有所謂完美的答案。幾乎任何一套解決方案都是兩個無法接受的選項之間的權衡和妥協。好的解決方案不存在於理論中，好的解決方案只存在於現實世界。

**”在雜亂無序的管理世界，沒有所謂完美的答案。**

## 躲在他人背後

眾人集體一起犯錯要比個人犯錯好多了，沒有人想承受在公司裡戴上傻瓜帽（dunce's cap）、被當成代罪羔羊的風險。在某些組織，集體犯了錯還比個人做對了事還要好——把事做對是跟大家格格不入，反而被視為破壞團隊精神；團體裡的吹哨者多半招來斥責而非讚譽。尋求責任的共同承擔是避免風險的自然之道。集體的責任需要共識，但它通常不代表最好的解決方案。所謂「有共識」的解決方案，代表的是各個單位都不難接受的解決方案，這是政治上的妥協結果。讓其他人共同參與的目的不應該是為了達成共識，而應該是為了獲得洞見。

歸根結柢，必須有人同時負責問題和解決方案。他們借助他人是為了取得洞見和推展行動，而不是為了萬一日後出紕漏可以躲在背後。

## 擺脫責任

大型的問題及其解決方案，通常會由數個部門共同承擔責任。這可能導致不大體面的卸責比賽：沒有人想被當成是製造問題的罪魁禍首。問題的分析會淪為對既成錯誤的驗屍報告，而不是該如何解決問題的討論。

## 實務中的決策制定

管理者有許多決策制定和解決問題的工具，在本章稍後會詳細說明。然而在實務上，管理者很少用到這類正式的工具。相反地，他們會問自己三個問題，並藉此導出務實的解答：

一、我能否從中辨認出一套模式？

二、這個決定對誰影響最大？為什麼？

三、說到底，有人知道答案嗎？

## 我能否從中辨認出一套模式？

管理者經常把辨認模式稱為「直覺」或「經驗」。不過不同於直覺，模式辨認的能力可以習得而來。簡單來說，辨認模式是觀察不同情況下什麼東西有效、什麼無效的能力。如果可以辨識出一套熟悉的模式，就可以預測出什麼樣的行動會成功或失敗，看起來就會像具有商業直覺的樣子。

## 學習辨認模式

廣告界是個奇妙的世界，廣告人的創意必須符合市場需求。好的廣告能改造品牌，壞的廣告則將它扼殺。不論如何，廣告都需要花不少錢製作和播出。付錢給廣告商的客戶們，他們的挑戰是要知道自己的錢花得值不值得。

寶僑公司（Procter & Gamble，簡稱 P&G）是全世界最大的廣告商之一，它依靠的並不是直覺，而是從大量累積的經驗中學習成功和失敗的模式。新進品牌經理必須快速掌握這套直覺，也就是模式的辨認。在寶僑公司主要的辦公室裡都有一間暗房，員工在裡頭學習廣告直覺的祕訣。品牌經理得到任命之後的第一件事，就是進入這個房間、取得知識。他或她要做的，是回顧過去五十年來，所有曾經播放過的品牌廣告影片。觀看五十年的 Daz 洗衣劑廣告就像觀看一部英國社會史，同時每支廣告都有相關的統計數字顯示其播出成效。

在觀看這類廣告幾個小時之後，即便是最菜的行銷經理也可掌握驚人的能力——可以在觀看三十秒的廣告後對它的好壞與成效做出預測。這是迅速習得的直覺，其跳過理論，直接呈現實務上有效的做法。

當管理者知道自己要負責做出決定時，就是模式辨認派上用場的時候。如果這個模式很常見，多半就很容易做決定（參見前頁專欄舉例）。有效的管理者從日常情況觀察和學習，已累積了在組織之中何者有效、何者無效的知識。我們也許沒有餘裕可以回顧五十年來人們如何管理衝突、協商、影響他人，或解決問題，但「好的觀察」可以累積我們的技能、幫助我們辨認模式，有助於我們展現卓越的商業直覺。

許多做出決定的狀況，可讓我們從中學習和獲得模式辨認的能力：

- **競爭對手的反應：**長期的競爭對手知道彼此會如何反應，而不需相互串連勾結，以致違反反托拉斯法。許多市場裡都有個價格的領頭者，其他競爭者則接受他們的提示。如果帶頭者提高了價格，其他人都會跟進；如果為了促銷而出現降價，競爭對手會予以忽視；如果降價是永久性的，競爭對手也會跟進。這讓各個公司的定價決定變得很簡單，這就是所謂「跟著老大走」。
- **花錢買經驗：**頂級時尚買家對整排的衣服只需看一眼，就能準確算出每件單品的價格，並訂出適當的零售價格。買家一旦認為有哪個品項買貴了，跟老闆討論時恐怕就不太好過。他們能準確定價的原因在於，他們幾十年來的零售經驗，已經看過成千上萬的衣服。專家的判斷所依據的，是不斷累積的經驗。

- **對人的管理（包括向上管理），基本上都是模式辨認：**我們必須快速學習人們關於工作風格、風險承受度、著重對人或對事、重視過程或重視結果這類的好惡。沒有所謂正確的模式，從管理者的觀點來看，重點在學習對於不同的人，應採取什麼方式才會有效。

如果某個決定符合熟悉的模式，那麼大部分的管理者就有信心做出決定。舉例來說，寶僑公司的品牌經理會根據自己的判斷來核可新的行銷宣傳戰，不需重新進行花錢又費時的市場調查。

## 這個決定對誰影響最大？為什麼？

做決定不只關乎理性，也關乎政治。管理者需要能帶出行動的解決方案——完美的解決方案光說不做仍毫無用處。決定必須得到人們的支持才能帶出行動，這表示管理者不只要問「做什麼」，也要問「誰來做」。

## ”做決定不只關乎理性，也關乎政治。

基本上，進行決策會出現四種可能狀況，且各自會帶來不同的結果：

一、**這個決定對某個團隊成員最重要**：可能的話，支持團隊成員。指導並鼓勵他們做出決定。不要讓他們依賴你，變成你為他們做出所有決定，如此一來，不僅他們的專業無法成長，你也會被排山倒海做出決定的要求給壓垮。

二、**這個決定對某個老闆很重要**：如果你了解他或她的議題主張，應該很清楚比較好的決定是什麼。設定好你的問題和解決方案，並大力向老闆推銷。

如果不確定要如何選擇，就找你的長官一起合作來處理議題。

三、**這個決定對另一個位同事很重要：**長期而言，管理者需要組織中的盟友和支持者，所以你要跟同事討論，找出對彼此都有利的解決方案，順便爭取到一個朋友。

四、**這個決定對你和你的議程很重要：**如果選項很清楚，就直接做決定吧！如不清楚，就尋求幫助。

在此的決策制定並不需要任何解決問題的技能，其關鍵技能是理解老闆、同事和團隊的議題為何，並設定支持這些議題的決定。基於這些原因，許多決定是隨時間進展而慢慢浮現。共識逐漸形成、採用了一些支持某個選擇的小行動，最後一個較好的行動路線逐漸浮現了。這個模式符合許多管理者看似混亂的行程表：一整天下來許多小的互動幫助他們理解彼此的議題、推銷自己的議題，收集資訊，逐步順利做出一連串的決定。

## 如何影響決定？

**一、按照自身條件來設定討論的重點：**先發制人，根據你的議程來設定辯論的條件。

**二、建立同盟：**私下處理分歧意見；讓人在不失顏面的情況下改變他們的觀點；大肆宣傳任何已達成的協議，以建立「西瓜偎大邊」的支持團體。尋找有力的贊助者為你的立場背書。

**三、逐步建立共識：**避免要求所有東西一次到位而把人嚇跑。尋求個別的人支持在你的構想中與他們專業知識（比如：財務、健康、和安全等）相關的部分。

**四、量化獎賞：**打造一套清楚、合邏輯的理由，說明你提出的行動計畫會帶來的好處；以量化的方式說明它的好處並找尋適當的支持。

**五、設定有利的決策框架：**讓你的議程主張與公司的議程主張調和一致；用對每個人都合適的語言和方式來架構你的想法；要始終保持積極的態度。

**六、限制選擇：**不要提供過多的選項，如此容易造成困惑。最多只提供二到三個選擇。

**七、善加運用風險和損失趨避：**說明相對於你的構想，其他的替代選項風險會更大。

**八、利用人的惰性：**要盡量讓人們能輕鬆地支持你；盡可能幫他們排除後勤支援或人事方面的障礙。

**九、要堅持到底：**再三重複是有效的。什麼有效？重複、重複、再重複。愈是努力，愈是有好運氣。絕不要放棄。

**十、根據每個人的情況做調整：**用他們的眼睛來看世界；尊重他們在實質、風格和形式上的需求；建立共同目標；協調你的議程主張。

## 說到底，有人知道答案嗎？

管理是團隊的活動。沒有一個管理者被預期要知道所有的答案，不過，他們可能被預期去找出所有的答案。

對於一些比較複雜的決定，沒有人知道答案。不過在財務、行銷、營運、IT、銷售和人資等方面，許多人都掌握了部分的答案。他們各自掌握了某片拼圖，而管理者的工作就是把它們拼湊在一起。這一方面是智力的過程（發現最好的答案），也是政治的過程（建立同盟，共同支持即將浮現的答案）。它可能需要一些時間，在共識形成之前可能需要反覆迭代，讓所有不同的議程得以整合。

在日本，這個以共識為基礎的決策制定過程稱為Nemawashi（事先疏通）[5]，是指在制定決策的會議之前建立「關於決定的協議」。一開始的談判需要在私底下進行，這一點非常重要。一旦有人公開採取了某個立場，他們就會覺得有必要不計代價捍衛立場，以免因轉換立場而失了顏面。與此相對，在私底下談判會變得較開放且有彈性，實際的議題可以被討論、議程可以進行整合、彼此承諾也可以建立。

你愈是努力傾聽，愈能夠了解做決定的政治學以及不同利害關係人的觀點。你對決定的本質會得到更多洞見，更能理解真正的挑戰是什麼，更理解有哪些不同的選項，以及各自有哪些後果。你愈是努力傾聽，對某個大家屬意的解決方案就更有可能產生共識。

最終決策會議仍有其重要性，但它的重點已不在於做出決定，而是為了向所有利害關係人公開確認真正有個共識和協議已經達成——它營造出信心，為原先私底下做好的決定賦予合法性。

5 譯注：Nemawashi 日文寫做「根回し」（ねまわし）。「根回し」原本是園藝的用語，意指「在將盆栽移植之前，事先修除整理鬚根，使其長出新根」。在企業界的引申用法是指為了談判、會議順利進行，事前和利害關係人交涉溝通的做法。

# 解決問題：囚牢和框架，以及工具

有時解決問題被當成是聰明人的專利。然而在現實中，腦筋聰明的人恰恰好最不適合去解決大部分的管理問題，因為太過聰明的人會徒勞無功地找尋不存在的完美解答，以致最終一事無成。可行的解決方案比完美的解決方案更可取，因為前者會引導行動。切記，完美解決方案是實用解決方案的死敵。

想要有效解決問題，其背後有三原則：

一、了解問題。

二、專注在問題的根源，而不是徵兆。

三、確認問題的優先順序。

一般聰明的管理者自以為知道所有答案，但真正聰明的管理者知道對的問題更重要。一旦問題錯誤，即使有最好的答案也毫無用處。接下來本書要幫助你找到正確的問題，從而提出正確的提問並找出實用的解決方案。

> **一般聰明的管理者自以爲知道所有答案，但眞正聰明的管理者知道對的問題更重要。**

## 了解問題

所有學生在考試前一定會接受嚴格的說明：「請確認依照問題作答。」這是非常顯而易見的建議，卻常常被忽略，因而導致災難性的後果。同樣的建議也需要給予所有管理者：「請確認依照問題作答。」學校的考試至少問題很清楚，但在商場上沒有人會發考試卷，你要在無人告知的情況下，自己知道考試的問題。

在初級的管理階層，考試的問題多半很清楚，往往是以單純的業績來表述，例如：賣更多產品、取得更大獲利、花費更多個人時間。隨著管理者繼續他們的職涯，明確性降低而歧異性也增加。目標或許清楚（達成獲利目標），但達成目標的手段卻不明確。為了達成整體的目標，必須用正確的方式進行正確的戰鬥，但前提是，必須知道哪些是正確的戰鬥。

## 了解你的問題

這是我的重大轉捩點。我得到了跟執行長簡報的機會，並做了一個自認精彩的報告。報告結束時，執行長輕輕咳了一聲，似乎印證了我對自己才能的評價。「這是令人印象深刻的報告，」他說。「我只有一個問題……」

我已準備好任何問題。我有兩百頁備份的詳細分析資料，是我大顯身手的時候了。「確切說來，你到底要解決的是什麼問題？」他問。

這是我沒準備的問題。我一溜煙就消失在自己的虛榮和困惑之中。

## 專注在問題的根源，而不是徵兆

沒有人會想用祛斑膏治療水痘，不過這類混淆徵兆和病因的情況在企業界經常發生。許多削減成本的計畫落入這個陷阱，執行長看似大刀闊斧宣布裁減人員和節省成本的目標。透過這種強勢風格，執行長傳遞了他想要給管理團隊的訊息：「在十二個月內，給我砍掉二十％的成本和二十％的人員，不然你們就要成為這二十％的其中一分子。不許有藉口。」最後超過十五％的成本刪減了，一些高階主管也被解僱了。公司這種思慮不周的成本削減，在行銷（市場地位和營收的損失）、研發（產品生產的減損）和人才（士氣下降）的影響，要好幾年才能恢復元氣。

成本問題始終都是其他問題的徵兆，比如：

- 營收不足，可能是產品的問題、行銷和銷售的問題，或分銷配送的問題。
- 錯誤的產品和客戶組合，它的服務成本高，所得不足以證明其成本效益。
- 不當的工作流程和缺乏效率的工作方式。

如果選擇專注於增加營收、改變產品和客戶的組合，或是改善工作流程和方式，企業的走向可能會截然不同。單單裁員是不可能達成上述任一個正面的結果。

在較小規模的公司中，許多人資部門的做法都是處理問題的徵兆而非根源。以工作績效為根本的評量和晉升制度看似充滿活力，不過這只是專注於徵兆（這個人做得有多好？）而非根源。理解工作績效好壞的原因，與衡量表現優劣同樣重要：

- 他們做得好或做得差的原因何在？
- 要提升績效需要培養哪些技能？
- 這個人未來最適合什麼樣的任務？
- 他們是否為自己的職涯和晉升前景累積正確的技能和經驗？
- 如何改善工作表現？

**”理解工作績效好壞的原因，與衡量表現優劣同樣重要。**

以技能為本的評鑑方式可以帶出更好的評鑑討論。光只對工作表現優或劣做評鑑，有時會製造對抗，可行性也不高。許多經理人會迴避發布壞消息，因為這對誰都沒好處。

任何人都有辦法看出問題的徵兆。不需要天才就可看出利潤不夠高，而好的管理者則是要看到徵兆的背後，挖掘出問題的根源。它沒有容易的捷徑，但倒是有一個簡單的原則，那就是不停追問：「為什麼？」

## 確認問題的優先順序

管理永遠少不了問題和挑戰。每天下來想把它們統統解決的時間永遠不夠。因此管理者必須有所取捨。以下三個簡單問題，能幫助你辨認哪些問題值得深究：

一、**問題重不重要？**這個問題對於達成總體目標是否會帶來顯著的差別？換句話說，如果這個問題沒解決，它是否有嚴重的不利影響？在你專注於其他問題時，有沒有簡單的權宜之計能防止它惡化？

二、**問題是否迫切？**今天就做今天該做的事。明天問題是否會變得比今天更糟？嚴不嚴重？如果會，立刻就行動。時間可以再緩一緩嗎？事情不見得一定會惡化，時間往往可以帶出更多的資訊、更多的機會，以及更多可能的解決方案，同時，時間也能修復情緒上的挫敗感。

三、**問題是否有可行性？**關於「管理」的一個曖昧不明的樂趣，在於要忍受「和自己幾乎無能為力的問題共存」。你可能要受制於公司的策略挑戰和決策、IT的計畫出狀況，或競爭對手對你提出突如其來的意外要求。在這些情況下，最好的辦法就是什麼都別做。把專注力放在所能控制的事，而不是不能控制的事情上。

## 解決問題的工具

大多數管理者憑直覺解決大多數的問題，很少有經理人坐下來進行正式的問題分析。不過手邊有些工具和技術總是好的。不需要每次想到要用它們時就把紙筆拿出來，只需要在腦中有它們的框架，就能運用它們來查驗和挑戰自身的想法。

在這裡要介紹五個解決問題的經典輔助工具：

一、成本效益分析（Cost–benefit analysis）。

二、SWOT（強弱危機）分析。

三、力場分析（field force analysis）。

四、多因素／權衡／網格分析（multifactor/trade-off/grid analysis）。

五、創造性問題解決（Creative Problem Solving，簡稱CPS）。

沒有單一哪個方法是最好的方法，在不同脈絡情境下它們各自有其價值，關鍵在於適當情境選擇正確的方法。原則上，每個方法預設的適用情況如下：

一、**成本效益分析**：預設有一個明確的問題和解決方案，需要財務上的評估以獲得正式批准。

二、**SWOT分析**：預設有個極為模糊、多半是策略性的挑戰，需要提出進一步的架構。

三、**力場分析**：假設要在兩種截然不同標準的行動方案之間做出選擇，例如，非財務和質性標準。

四、**多因素／權衡／網格分析**：假設要根據重要性不一的多個判決標準，在多個選項之間做出選擇。

五、**創造性問題解決**：假設有高度複雜的問題，它沒有已知的既定答案，就需要用有開創性的方法來解決。

## 成本效益分析

這是所有良好管理決策所必備。若沒有善用，災難將隨之而來。成本效益分析最常被IT系統的變更所濫用，其變更的說法往往是基於策略的需要。當IT經理一提到策略，他們多半的意思是它很貴。

強而有力的成本效益分析極具說服力，它迫使管理階層不得不認真考慮提案——沒有一位高層主管會想拒絕財務上具有吸引力的可信提案。然而請注意，關鍵在於可信度，光是提出財務上有吸引力的提案並不夠，它必須是可信的。如何讓提案有可信度，需要有三個要素：

一、**強有力、符合邏輯的推論**。

二、**取得財務部門對數字的驗證**：如果財務部門不支持你估算的數字，那就沒轍了。儘早讓財務部門參與，取得他們的建議和支持，確認你的數字符合財務部門認同的格式並能夠獲得批准。

三、**操作的可信度**：風險基金投資人看的不是數字，而是這些數字背後的人。他們不只支持構想，也支持人——高層主管也是如此。找到有高可信度的支持者和贊助者對你的提案會大有幫助。

每個組織都有各自看待財務效益的方式，最常見的包括：

- 投資回收期（payback period）
- 投資報酬率（return on investment，簡稱ROI）
- 淨現值（net present value，簡稱NPV）

在這三者當中，**投資回收最簡單，淨現值則是最嚴謹且相對容易**。投資報酬率被包括在內只是因為它被廣泛使用，然而它的簡單形式容易產生誤導，但它較精細的形式則是非常複雜。

## 投資回收期

我需要多久的時間才能回收投資？有家銀行把裁員的投資回收期設定為三年。如果解僱某人的成本是十萬英鎊，而他對公司一年的成本包括福利在內是五萬英鎊，那麼它的投資回收期是兩年，並且在沒有雇用替代人選的情況下，就算通過了三年回收期的檢驗。

## 投資報酬率（ROI）

事情從這裡開始變得棘手。計算ROI有許多不同的方法，要是你不用他們最鍾愛的方法，每個專家都會氣急敗壞，因此，這裡的建議是和公司財務部門合作，找出它所遵循的規則。要想爭取它的支持，最好是讓它幫你進行計算。問題首先在於要知道需要的投資報酬率是多少。對此會有冗長且乏味的爭辯，涉及包括市場預測的討論、歷史股權風險溢價（historic equity risk premiums）、一年與五年的beta值以及其他等等。我們暫且避免這類的討論。

對大部分管理者而言，所需的ＲＯＩ是由上級指派，它可能因項目的風險程度而有所不同，例如：一個節省成本的計畫案可能要求十％的回報率，而進軍新市場的拓展計畫可能基於案子的風險而需要十五％的回報率。要進行這類分析，需要知道投資成本及其生命週期會產生的淨收益，以及需要實現的回報率。

以下是個簡單實例，讓我們來看看某家電話服務中心用自動語音回應（automatic voice response，簡稱ＡＶＲ）取代人工的成本案例。

**【投資報酬率計算示範】**

今天ＡＶＲ機器的成本是一千英鎊。它每年維修費用是一百英鎊，但可以節省五百英鎊的勞動力，因此年淨收益是四百英鎊。在四年之後，它將捐贈給慈善單位，所以不會有轉售的價值。

綜觀上述，它的投資報酬率計算大致如次頁下方表格所示。

投資報酬率最簡單的形式如下：（（總收益 ─ 總成本）／總成本）X（100 ／年數）。這裡的算式變成：

ROI = ((1600 - 1000) ÷ 1000) X 100 ÷ 4 = 15%

這顯示這項投資正好符合公司十五％投資報酬率的目標。

> **和公司財務部門合作，找出其所遵循的規則。**

然而，這個簡單的ROI算式有誤導性，它預設了今天一英鎊的價值和四年後的價值一樣（在下一節我們要說明這不正確）。計算ROI的替代方法是考慮幣

| （a）要求的報酬率：15% | | | | | | |
|---|---|---|---|---|---|---|
| （b）年度 | 0 | 1 | 2 | 3 | 4 | 總計 |
| （c）投資（英鎊） | -1,000 | | | | | -1,000 |
| （d）淨收益（英鎊） | | 400 | 400 | 400 | 400 | +1,600 |

值隨時間變化的不同，其稱為內部報酬率（internal rate of return，簡稱ＩＲＲ），實際上，這就是對一項投資的ＮＰＶ（淨現值）等於零的ＲＯＩ（報酬率）。首先要了解什麼是ＮＰＶ，它很有用處。

最實際的解決方法是配合公司財務部門現行規則運作，先不管它是什麼樣的規則。或許它有錯誤或可能誤導，但如果這是做決策的方式，按照其規則來做事自有其道理。

## 淨現值（NPV）

這或許是最正統，也是最可靠的成本效益分析方法。這裡一個關鍵的概念是「折現率」（discount rate），意思是，今天的一英鎊比明天的一英鎊更有價值，因此，我可以投資今天的一英鎊讓它在明年此時價值為一．一〇英鎊；同時，你承諾明年的一英鎊比你現在拿出一英鎊的風險更高。基於風險，我會接受少於一英鎊（或許甚至是七十便士）的報酬，而不是接受稍後一英鎊的承諾。折現率調整了「以後」接受一英鎊而不是「現在」拿一英鎊的時間和風險效應。

折現率如果是十五%，代表了現在的一英鎊價值相當於承諾明年的一．一五英鎊，後年的一．三二英鎊，以及五年後的大約兩英鎊。反過來說，如果我承諾在五年後給兩英鎊，其今天大約價值一英鎊，亦即我把〇．五的折現係數應用在五年後一英鎊的承諾。以下表格，是AVR機器的淨現值計算。

利用淨現值分析，也顯示AVR是個值得的投資。不過這是非常有局限性的計算，因為：

- 沒有考慮到重大敏感因素和不確定性（稍後會詳細說明）。
- 忽略二階效應（second-order effects；在電話線上久候不耐、抱怨連連的顧客，及乾脆轉換供應商的可能性）。

| (a) 要求的報酬率：15% | | | | | | |
|---|---|---|---|---|---|---|
| (b) 年度 | 0 | 1 | 2 | 3 | 4 | 總計 |
| (c) 折現係數 | 1 | 0.87 | 0.76 | 0.66 | 0.57 | |
| (d) 投資（英鎊） | -1,000 | | | | | |
| (e) 節省成本（英鎊） | | 400 | 400 | 400 | 400 | |
| (f) 貼現的成本 / 收益 | -1,000 | 348 | 302 | 263 | 229 | +142 |

• 忽略了替代方案（把電話服務中心離岸外包、將服務中心升級，創造交叉銷售的營收、對顧客進行區隔讓高利潤的顧客仍可獲得個人服務等）。

## 敏感性分析

它帶我們進入「假設情境」的領域，在此電子試算表可以扮演救星。假設情境的計算能讓我們測試主要的假設。以上面淨現值的例子來說，AVR（自動語音回應）計畫在以下的假設情境會變得沒有吸引力（它的淨現值是負的）：

- 要求的回報率提高到二十％。
- AVR在三年後就必須更換，而不是四年。
- 每年節省的淨成本是三百英鎊而不是四百英鎊。
- AVR機器的成本是一千兩百英鎊。

管理者很快就學會操縱假設，確保正確的答案出現在試算表最右下角那一格。在最精巧複雜的世界裡，不同的結果可以賦予不同的概率，並導出一個加權的淨現值。概率分析（probability analysis）在某些產業很重要，例如：電腦融資租賃的盈利能力非常依賴轉售價值和預期可能的折舊率；石油探勘也相當倚重概率。不過，就大部分管理決定而言，決策制定要簡單許多。如果某個計畫「勉強」通過成本效益分析，或許它就不值得做，因為你知道這數字已經為通過測試而進行了修正，現實情況可能不會如預測那般美好。

若某個計畫值得一試，它會「輕鬆」通過任何成本效益分析。即便它未達到預測的效益，它仍可能超過組織整體上要求的報酬率。

> 如果某個計畫值得一試，它會「輕鬆」通過任何成本效益分析。

## SWOT分析

並不是所有問題經過成本效益分析就能立刻解決。成本效益分析意味著對結果一定程度的確定性，而管理者知道唯一真正可確定的事是不確定性。在有歧異、不確定的狀況下，提供架構會有助於制定決策和解決問題。或許為缺乏結構的問題建立架構最簡單的方法就是SWOT分析。SWOT這個字母縮寫代表的是：

- 優勢（strengths）
- 弱點（weaknesses）
- 機會（opportunities）
- 威脅（threats）

SWOT提供了簡單的方法來看待策略的挑戰。比如說，Techmanics（一家虛構的公司）是否應該擴展進軍中國？

- 優勢：Techmanics 擁有無人匹敵的傑出技術和優秀產品。強大的研發部門讓我們始終保持競爭領先。

- 弱點：沒有中國的分銷管道，沒有理解當地市場的中國員工。
- 機會：龐大且不斷成長的市場，特別是在Techmanics所專注的奢侈品和小裝置（gadget）市場。高端市場的利潤相當可觀。
- 威脅：缺少知識產權保護——Techmanics的產品可能被仿冒。死星風險投資（Death Star Ventures）可能早一步進入中國，置我們於後頭追趕的地位。

這個非常簡化的SWOT分析說明了：

- 對困難挑戰建立架構的價值：它會提供進一步討論的框架。
- 探討其他觀點的價值：它考慮擴展或不擴展到中國的成本和機會，以及可能的競爭反應。
- 在開始細部的成本效益分析之前，建立議題框架的必要性。

## 力場分析

力場分析是非常時髦的方式，列舉出特定決定性的優劣利弊或需要關注的問題，最適合用來評估有多個質性因素（qualitative factors）會影響結果的特定行動

| 支持新產品 | 反對新產品 |
| --- | --- |
| 利用現有的、受信賴的品牌名稱。 | 可能傷害現有的品牌。 |
| 利用閒置的工廠產能。 | 製造的複雜性：設備和生產的大轉換。 |
| 進軍對手的利潤天堂[6]。 | 可能導致昂貴的行銷戰。 |
| 地板清潔劑的市場龐大。 | 爭搶市占率的昂貴成本和高風險。 |
| 我們的產品優於競爭對手。 | 競爭對手產品已相當穩固。 |
| 我們的市場測試順利。 | 國家條件與測試市場並不相同。 |

方案。例如，一家公司曾經討論是否要在既有的浴室表面清潔劑的成功基礎上，推出新的地板清潔劑（參見以上表格的分析）。

這個簡單的分析有助確立討論的框架和重點。「反對」的欄目成了風險和問題的登記冊。可利用標準的問題解決，以及腦力激盪的幫助來解決每個辨認出的風險和問題。

6 譯注：利潤天堂（profit sanctuary），或譯「利潤聖所」或「利潤庇護所」，是指一些公司因具有強大競爭優勢或市場保護而能創造可觀利潤的市場區隔。

## 多因素／權衡／網格分析

這個問題解決分析方法，是在多個難以比較的選項中做出選擇的好方法。這個方法的真正價值，在於它迫使人們思考做出決定時所使用的判別標準。它迫使他們明確說明何以某個判別標準相對其他標準更加重要。這可以突破管理者因為不同的選擇，各自採用有說服力但相互競爭的論點所導致的漫無天際的辯論。這些爭論的論點會相互抵銷並導致緊張的僵局。透過這個方法防止僵局的出現，可以導向更有成效的討論。

一般來說，它有六個簡單的步驟：

一、列出做決定的判別標準。
二、對每個標準的重要性進行評分。
三、列出選項。
四、根據每個判別標準為每個選項評分。
五、依照步驟二所給予的權重來調整原始分數。
六、把所有分數相加，期待出現一個協議同意的結果；如果無法，至少會知道原因何在、不同意的地方在哪，進而可以有更針對性的討論。

以下用「選擇新辦公室」舉例說明。

第一輪篩選似乎顯示辦公室❶明顯勝出。在這時候，執行長介入並指明，正如所有高階主管並不平等，所有的判別標準也不平等。

執行長對判別標準各

**【由未加權的分數開始，滿分爲 10 分】**

| 判別標準 | 辦公室❶ | 辦公室❷ | 辦公室❸ | 辦公室❹ |
|---|---|---|---|---|
| 員工出入便利 | 9 | 3 | 6 | 7 |
| 顧客出入便利 | 4 | 6 | 7 | 6 |
| 成本 | 2 | 9 | 7 | 5 |
| 租期 | 4 | 9 | 2 | 7 |
| 辦公室的格局 | 9 | 4 | 6 | 3 |
| 環境足跡 | 9 | 2 | 6 | 4 |
| **總計** | **37** | **33** | **34** | **32** |

自加權給分（未加權的分數乘上執行長所分配的權重），得到了以下的結果。

這位執行長要不是超級小氣，不然就是孜孜不怠要守緊股東們的荷包。不管如何，成本主導了加權計分，因此辦公室❶從原本的首選跌至最末位，而辦公室❷則明顯成為贏家，儘管它在辦公室格局和員工出入便利方面都不太理想。

**【執行長所分配的權重】**

| 判別標準（加上執行長加權） | 辦公室❶ | 辦公室❷ | 辦公室❸ | 辦公室❹ |
|---|---|---|---|---|
| 員工出入便利（2） | 18 | 6 | 12 | 14 |
| 顧客出入便利（7） | 28 | 42 | 49 | 42 |
| 成本（10） | 20 | 90 | 70 | 50 |
| 租期（6） | 24 | 54 | 12 | 42 |
| 辦公室的格局（5） | 45 | 20 | 30 | 15 |
| 環境足跡（4） | 38 | 8 | 24 | 16 |
| **總計** | **171** | **220** | **197** | **179** |

## 創造性問題解決

不是所有問題都能透過邏輯來解決，更有趣的管理挑戰需要一點創意和發明。要求管理者要有創造力，可能讓當中許多人冷汗直流。創意工作坊讓人聯想到的是在一些糟糕的課程裡，被要求說出假如我們是一棵樹／一輛車／一個音樂家，希望自己是哪一棵樹／哪一輛車／哪一個音樂家。幸好，想找到有創意的解決方案，有一些可靠的方法且不需忍受創意工作坊帶給人的終極尷尬。

> ”最簡單的解決方法是請人幫忙。

最簡單的解決方法是請人幫忙。你雖然不知道解答，但其他人可能知道。即使他們沒有全部的解決方案，也可以提供對你可能有幫助的一些洞見。有許多的練習展現出團體力量可以比個人找出更好的解決方案。在沙漠、月球、太空以及島嶼上求生，都是這種團體動態活動的好例子。你在任何的搜尋引擎裡輸入「沙漠求生」，就可以在網路上找到很多免費且有幫助的例子。

比較正式的解決方案，則是用有架構的方式，透過問題解決的練習來請求幫忙。以下是直截了當、用一連串步驟進行練習的方式：

一、**確認誰是問題的擁有者，以及需要解決的問題是什麼：**盡可能讓問題具體聚焦，同時，嘗試把它表達成一個結果。概述性和消極的問題難以解決，比如說「我們正在市場上失利。」我們需要更具體和積極定義的問題。比起較為概述性和消極的提問，「如何增加我們最忠實顧客的留存率（retention rate）」能導引出更有可行性、更積極的解決方案。

二、**把問題概述給一小組人，這些人要具有知識、意願、能力來提供洞見和解決方案：**理想的小組成員人數約四到七人。少於這個人數不足以產生構想和熱情，多於這個人數則會變得混亂。

三、**查核每個人對問題陳述的理解，以確認大家解決的是同一個問題：**允許提出問題來查核理解，避免對問題進行任何的評價。

**四、概念發想愈多愈好：**數量多是好的，在這個階段先不要對任何想法做評判，讓人們在彼此想法的基礎上做討論。讓人們從不同角度（競爭對手、顧客、管道、成本、產品、服務等等）看待問題，以刺激更多的想法產生。由一個人在翻頁書寫板上紀錄這些想法，這樣可以避免過多重複，同時也讓參與討論者看到自己的想法得到公認，不至於讓他們覺得有必要再重複。此外，要讓事情快速進展，人們只需要提自己構想的標題。就像好的新聞報導一樣，標題應該概括整個故事，讓它更便於紀錄。

**五、選出幾個想法進行詳細的研究：**在這個階段可以允許大家各抒己見。給每個人三張選票，採用芝加哥規則（Chicago rules）。所謂芝加哥規則就是沒有規則：可以分裂選票、賣掉選票、竊取選票，或是鞏固自己的選票。不要糾結在流程上。如果有兩個人有類似的想法，讓他們整併成一個；不用進行大辯論，只要讓這兩個想法的擁有者來決定是否要合併。正常情況下，會發現三到五個可行的想法之間會形成共識，但截至目前為止，也先不要對它們做出任何評價。

**六、評估最受歡迎的想法：**首先看它為什麼是個好主意，評估它的好處。管理的本能是先看問題在哪裡。把焦點放在問題上的問題，是它會扼殺好的想法。一旦知道某個想法好在哪裡之後，就可以再來探討它需要顧慮的地方。從行動為出發點來表達你的顧慮：「如何贊助這個想法」會帶領到行動，「這實在太花錢了」則會導向衝突。換言之，以不同方式表達顧慮，會導致截然不同的結果。

**七、如果最令人振奮的解決方案，附帶有某些重大的顧慮，那就用相同的程序，從步驟一開始逐一處理這些擔憂：**這時會發現，自己已把大問題拆解成更加容易處理的小問題了。

## 管理者的解決問題之道

**一、找到正確的問題：**找出錯誤問題的正確答案，結果還是錯的。把重點放在根源，而不是徵兆。要了解問題為何會出現。

**二、找到問題的擁有者：**找出誰是問題的擁有者，以及為什麼問題對他們事關重大。他們或許已經知道答案，所以要問問他們。確認問題的重要性和迫切性，據以評估如何做出反應。

**三、運用經驗：**你在你的角色中具有專業知識和經驗，所以要運用它。如果過去看過類似的問題，就應該知道該怎麼做。那麼，就去做吧！

**四、發問：**如果不確定最佳解決方案是什麼，就發問以尋求建議。你的同儕們可能有答案，雖然他們每個人的答案各自不同。

**五、避免完美的解答：**完美的解答是實用解答的敵人，因為永遠也找不到完美的解答。尋找有效可行的辦法，然後就做下去。

**六、把焦點放在未來：**不要糾結過去或歸咎罪責，要著眼於未來和行動。

**七、著重利益先於顧慮：**找出風險比找到機會更容易，不過，如果每個解決方案都著重在風險，將因恐懼而被束縛。先把重點著重在它的利益，畢竟如果有足夠大的好處，就值得我們去應付風險。

**八、建立同盟來支持你的解決方案：**尋求建議有助於建立共識，同時為你的解決方案付諸行動鋪平道路。

**九、力求簡單：**不要淹沒在事實和分析的汪洋大海中。正式的問題解決技巧只能偶一為之，它們是思考的輔助工具，不是思考的替代品。最好的解決方案是在行動中被發現，而不是透過分析而設計出來。

**十、採取行動：**沒有所謂從未實現的好構想。一個解決方案唯有實行了，才有可能是好的方案。部分的解決方案往往就已足夠，你可以在這基礎上接著加以改進。

# 策略思考：基礎、浪漫和經典

如果聽商學院教授的說法，策略是如此精細且複雜，只有他們才能真正理解。為了證明他們的觀點，他們提出各種聰明的概念，像是：價值創新、策略意圖、核心競爭力和共同創造。這些概念透過模型、網格、圖表所呈現，給人嚴謹分析的感覺。

不要被騙了！大部分的策略概念都是：

- 一些成功公司歷史的選擇性改寫。
- 較善於描述過去而非預測未來。
- 基於一些簡單、被公認為真的真理。

大部分公司其策略制定方式，和大部分公司其預算形成的方式相仿：前一年的預算和策略就是來年預算和策略的最佳預測指標。兩者都會有改變，但只是微幅調整。很少有公司在實際上會出現策略的重大改變。當然，有些例外特別出名，但畢竟是例外，像全世界最大的廣告集團WPP，是脫胎自一家生產購物推車的空殼公司；曾是全世界最大手機製造商的諾基亞（Nokia），則起源於橡膠（歐洲最大製鞋工廠）、塑膠（地板覆蓋材料）以及林業產品。

**❞前一年的預算和策略，就是來年預算和策略的最佳預測指標。**

由於大多數公司不會改變基本的策略，對於管理者深度策略思考的要求自然不高。儘管如此，理解策略思考總是有幫助的，所以要：

- 理解自身活動與策略的相關性。
- 知道如何進行策略性的思考。

- 進行策略遊戲。
- 理解策略的本質。

如果能做到這四點，就已經為躋身高階主管做好了準備。

## 理解自身活動與策略的相關性

當辦公室經理談論起「辦公室空間的策略」部署時，我開始懷疑起「策略」這個詞的用法——我退到員工餐廳思考我該如何策略部署我的抱子甘藍。一如以往，辦公室經理是對的，我只能吃冷的抱子甘藍。

辦公室經理回答的，是所有管理者必須能夠回答的策略性問題：「我的行動和決定如何支持組織的目標？」冒著被批評是說廢話的風險，這需要的不只是理解在你年度計畫已經設定的目標，還需要理解高層領導團隊的目標。許多管理者沒能通過這個顯而易見的測試，他們滿腦子只顧達成當下的即刻目標，忘記去思考他們所處的更廣泛的脈絡情境。

辦公室經理面臨自己的策略挑戰。當我們在辦公室四處走動，可以看到許多顧問在各自的「玻璃魚缸」裡工作，這些玻璃魚缸旨在結合隱私和開放的溝通。在實務上，牆阻礙了溝通，玻璃則無法保障隱私。辦公室經理聽過執行長談論關於團隊工作、透明化，以及專注客戶的必要，這代表工作地點應是在客戶的現場，而不是舒適的辦公室。經理經過一番深思熟慮，想出一個全新的設計。

所有名之為合夥人辦公室的迷你宮殿全部不見了。取而代之的，是所有人受邀共享一個共同的合夥人房間——我們被要求在團隊合作上身體力行。不少合夥人爆發了怒火，因為他們無所事事的模樣在共用辦公室裡顯露無遺。下一步則是顧問們。他們的金魚缸和辦公桌都不見了，取而代之的是一整排大家共用的「共享辦公桌」出現了。由於座位不夠，顧問們突然發現到客戶那邊工作更舒適。許多小型會議室空了出來，方便團隊開會和一起工作。

辦公室經理掌握了策略的本質，他理解組織的需求並採取行動支持這些需要。他不需要理解公司的宏大策略，或核心競爭力的這套話術，這些並無相關性。管理者不一定要是策略大師，也可做出策略思考和行動，**只需要理解組織的真正需求，並在他們的工作崗位上支持這些需求**。

簡單測試策略活動是否正確的方式是：這些行動是否會在公司執委會的層級得到注意？如果它們與這個層級有相關性，很可能你進行的活動具有策略的相關性；如果沒有，你做的可能是雖然有用，但並不是很顯眼的貢獻。

## 知道如何進行策略性的思考

事實上，最佳策略思考很簡單，然而一般的聰明人把事情弄得複雜，真正的聰明人則把事情變簡單。成功的組織大部分都有非常簡單的策略：

- 易捷航空（easyJet）和西南航空（Southwest Airlines）：低成本飛行。
- 戴爾（Dell）：直接銷售（sell direct）與訂貨生產（make to order）。
- 聯邦快遞（FedEx）：隔夜快遞，使命必達。

”最佳策略思考很簡單：一般的聰明人把事情弄得複雜，但真正的聰明人則把事情變簡單。

雖然這些是很簡單的策略，卻具有很強的競爭破壞力。讓我們進一步細看上述各自的策略，來了解箇中道理：

- **易捷航空和西南航空：低成本飛行**。以零成本為基礎開始，免除傳統的全服務航空公司的花俏和複雜性；他們達成的每英里成本和票價，是必須應付傳統成本和硬體設施的全服務航空公司所無法企及的。他們創造了與現有公司之間明顯的競爭距離。
- **戴爾：直接銷售與訂貨生產**。排除了在透過經銷商銷售的傳統模式中，各種關於銷售預測、未售出的存貨、現金流危機，以及賠本減價出售等問題的困擾。現有的公司會因為難以拋棄忠誠的經銷商而陷入僵局。
- **聯邦快遞：隔夜快遞，使命必達**。在當時沒有人做得到。打造全國性的基礎設施並迅速建立龐大規模，令其他人都難以跟進。

現在讓我們思考一下，這些策略在過去二十年有多少改變。基本上，每家公司都有和二十年前相同的策略公式，因為偉大的策略很少出現改變。

## 進行策略遊戲

如果應徵過策略顧問公司，或許就有機會進行策略遊戲，它也被稱為「個案分析面試」（case method interview）。這個遊戲值得一試，它提供關於雇主未來展望的一些洞見，也有助你與資深主管討論時掌握自己的展望。

這個遊戲表面上的目的是為某個難以估量的企業問題找到答案，例如：「MegaBucks 這家公司是否應該把產品範圍從攝影擴展到影印機這類的成像產品？」遊戲的真正目的，是要展示你能夠用結構化、策略性的方式思考，為此實際的答案並不重要。憤世嫉俗的人可能會說，這就是策略諮詢的本質——展示自己有多聰明，而不用太過擔心答案是否正確。

> **要成功，並不需要知道正確的答案，而是需要知道正確的問題是什麼。**

要成功，並不需要知道正確的答案，而是需要知道正確的問題是什麼。有效的策略討論會從各種不同角度觀察議題：

- **我們具有的是什麼能力？**這涉及到漢默爾與普哈拉（Hamel and Prahalad）（兩位管理學思想家和學者）的核心競爭力論點。正如佳能公司（Canon）在橋接兩個市場時所發現的，成像和攝影技術彼此很接近。
- **市場前景如何？**它正在成長嗎？是否有利可圖？價格趨勢為何？關鍵的是，你必須去觀察市場各個細分部分（segments）：哪些部分未完全開發？哪些需求未得到滿足？佳能發現，著重在大量的傳統集中式複印功能，無法滿足秘書們只需要在位置上就能便利地複印一兩張文件的需求。便利、廉價、品質一般的複印是個未被滿足的需求。高速度並不重要。

- **競爭的情況如何？**再看一次未完全開發的市場細分。全錄公司（Xerox）龐大，看起來無法擊倒，不過它並沒有用於辦公室內的分散式／原地的（distributed／local）複印產品。
- **從客戶的角度看，市場經濟學是什麼樣子？**與其被大型影印機的長期租賃契約綁住，秘書們會很樂意購買便宜的桌上型影印機。
- **從製造商的角度看，商機在哪？**主要的利潤在更換墨匣。這表示關鍵在於即使賠錢，也要設法把影印機擺到秘書的桌上，再從供應墨匣上賺錢。這也意味著產品必須要簡單好用，易於維護和補給，不需要技術人員的協助。這回過頭來又促成了更傾向大眾市場的分銷模式，透過經銷商取貨，而不是透過B2B（企業對企業）銷售員的傳統佣金模式來提供。

進行策略遊戲的同時，腦中應該也要有一份涵蓋問題和觀點的清單：

- 公司及其對手所具有的能力。
- 市場的展望，可細分為：市場大小、成長情況、獲利程度和週期性。
- 按照市場區隔客戶的需求，包括：產品、價格、市場定位的問題。
- 按市場區隔的競爭力定位。我們的價值主張是什麼？我們是否具有任何持續的競爭優勢？我們是否有進入市場的障礙？
- 相對於競爭者、客戶和我們的經濟學。整個價值鏈（value chain）的規模效應是什麼？價值鏈是什麼？

追問這些問題，直到找出可信服的答案。很多時候會發現，從這麼多問題中只會發展出一個關鍵的洞見，例如，在濕混凝土供應這個陌生領域裡，它的配送經濟學有利於本地的獨占事業。這需要透過一些提問來導出這個簡單的結論。提出這些問題會幫助你很快找出為何微軟公司（Microsoft）盈利能力如此強，而航空公司在盈利方面頂多只是週期性的。

## 理解策略的本質

了解策略用語對你會有所幫助。關於策略，有兩套很不一樣的語言：古典與後現代。

### 古典策略

**古典策略是因果關係的世界**，它是在找尋相當於牛頓定律的商業規則：「如果發生了X，則結果會是Y。」它是真正屬於啟蒙時代傳統的策略——找出普遍的規則，並把它應用到所有情況。這個領域的教父是麥可・波特（Michael Porter；五力分析）和波士頓顧問公司（Boston Consulting Group；掀起矩陣式模型的狂熱）。好消息是，這些公式是指路明燈，為複雜的情況提供一些洞見。

然而，這種公式化的策略帶來的壞消息是，它非常危險。如果每個人都用同樣的工具進行同樣的分析，他們會得出同樣的答案，而這會導致所謂的旅鼠症候群（lemming syndrome）：「一萬隻旅鼠不可能都錯，所以我也要跳下懸崖……」九〇年代後期的網路泡沫化，正是旅鼠症候群的經典時刻。

當全世界許多銀行決定為了追逐利潤把錢借給次貸市場，創造出複雜的衍生性金融商品和增加他們的資本槓桿時，或許個別來說是聰明的決定，但就整體而言，他們集體建造一棟崩垮的紙牌屋，導致全球衰退。從眾有時非常危險。

## 後現代策略

這是一群教授使用的語言，他們都是從印度裔美國企業家普哈拉（C. K. Prahalad；核心競爭力、策略意圖）身上學到這套技藝。他的弟子包括漢默爾（Gary Hamel）、金偉燦（Chan Kim；價值創新）和雷馬斯瓦米（Venkat Ramaswamy；共同創造）——他們是正統古典派的反叛者。對他們而言，策略是個發現的過程，在過程中是在創造未來，而非藉著分析過去以對應現在。這是較注重過程的策略觀，而不是著重在分析的策略觀。它不會宣稱知道所有答案，而是提出挑戰，要企業組織自己去發現和創造答案。

這個方法的好消息是，它會帶動更有創意的結果，並且讓組織更深入地參與。

壞消息是它往往不實用。它會尋求激進的策略改變，但大部分的大型組織要不就是不需要激進的重新定位，再不然就是它無力達成。

總體而言，古典的策略方法較適合已穩固建立的公司；新入門者和新創公司則多使用後現代的方式，但這些公司太小了，小到無意識自己正在這麼做。

## 財務技能

財務計算能力是所有管理者的核心技能。遺憾的是，財務技能被毫無必要的神祕氣息所籠罩。會計和財務的大宗師把他們的技藝披上專門術語和技術的外衣，旨在嚇退大多數的管理者。他們就像中世紀的工匠行會（guilds），私心保護自己的技藝不受外人窺看。確實，財務和會計的某些領域非常複雜；了解國際上對於銀行監管資本的要求，並不是一般管理者需要知道或是想要知道的領域。然而如今清楚的是，連銀行家和他們的監管者也未必清楚這一套。話雖如此，財務和會計的核心技能仍應該是所有管理者的核心技能。

這些技能不純粹是智力方面的技能。大多數財務管理技能都是深度的政治技能，因為它們牽涉到資源分配、目標設定、期望結果與優先順序。這無可避免地涉及到競爭策略的核心：每個部門和每個管理者如何相互競爭以確保正確的資源、期望結果和目標。正規的財務工具，只不過是管理者在這些政治性的競爭賽場中首選的武器，只有最天真的管理者才會把財務管理當成是純然客觀、邏輯、理性的活動，是可透過智力發現正確或錯誤的答案。所謂正確的財務解決方案，應該是能幫助管理者達成最理想目標的方案。

所有管理者核心必備的財務技能，將依照以下幾個部分來探討：

- 設定預算。
- 預算管理。
- 成本管理。
- 靈活運用報表。
- 有效運用時間。

這些是經理人在財務和政治上的主戰場。在這各自的戰場上都有大家共同接受的武器，也就是分析工具，供經理人來達成他們的目標。這些武器的本質隨公司不同而有些微的差異。在任何情況下，都值得好好學習這些武器以發揮最大的優勢。大部分傳統的財經教科書著重於找出答案和正確的數字。經理人運用數字並不是為了在智力上尋找完美答案；經理人運用數字就和律師採用事實一樣，是有選擇性地用來支持他們的案子，不是為了闡明真相。

> 經理人運用數字就誠如律師採用事實一樣，是有選擇性地用來支持他們的案子，而不是爲了闡明眞相。

## 設定預算：績效的政治學

預算是兩個管理層級之間的一份契約：「我們同意用這一筆錢，來達成底下的目標。」和所有契約一樣，它並非純然理性、客觀的運作過程，而是服務的供應者（較低階的經理人）與出錢的買家（較高階的經理人）之間的談判。不同於大部分的談判，預算談判中的買方和賣方掌握資訊的程度大致相當；他們知道彼此的戰術，也了解彼此的風格，因此，談判過程可能變得相當激烈。

大部分的預算談判都具有兩個主要元素：錨定和調整。

### 錨定預算的討論

下一年預算的最佳預測指標，是今年的預算；今年的預算，是明年預算談判討論的錨定點。在許多組織，這已經是既成的慣例，因此管理者會努力消耗完今年的預算，同時也不超支今年的預算，因為預算支出不足或透支，都會牽動預算的錨定點重新設定。如果今年表現得太出色，明年預算就會變得難以達成（參見次頁方框中的例子）。然而，這種預算設定顯然功能不彰，它不鼓勵績效的提升。

**”次年預算的最佳預測指標是今年的預算。**

為了帶來真正的改變，錨定點必須在與今日截然不同的地方重新設定。錨定必須儘早進行，才能以正確的方式進行討論。如果討論的問題是設定在：「我們要把去年的預算增加或減少多少？」它只會出現微小的變化。反之，如果討論是設定在：「我們能否只增加七十％的預算，就讓銷售量加倍？」將會有一個截然不同的討論。

**錨定的工作，決定了組織的企圖心有多大。**

錨定的進行，應該被當做策略計畫過程的一環；在較大型的組織中，它應該在

## 咖啡時刻小聊一下錨定點

集團執行長：「今年情況看起來不錯……」

業務部門主管：「明年還會更好。按目前趨勢，如果有足夠資源配合，三十五%的成長也不是不可能。」

執行長：「三十五%？我以為按照趨勢來看，我們較接近十%？」

業務部門主管：「三十五%是假設我們投資在即將上線的新產品……」

執行長：「聽起來不壞，不過現金流會是個挑戰……」

業務部門主管：「我們會再研究一下……」

關於明年預算的討論，剛剛被錨定在三十五%的成長，以及需要認真研究現金流。兩邊目前並沒有做任何承諾，但如果沒有這段對話，而執行長聽了財務長小心謹慎的意見，那麼預算討論有可能就被錨定在十%的銷售成長，以及停滯不變的預算。

年度預算週期之前進行。至於錨定預算最好的方式，並不是提交一份詳細的策略分析，來說明為何要設定銷售量增加一倍的目標。最好的方式是在策略計畫過程尚未開始之前，儘早找到可能的最高層人士，進行非正式的意見交流。

## 調整預算

調整常以這樣的問題形式出現：「明年會和今年有什麼不同？」從這裡出發，會展開關於細節的激烈談判。調整，著重在與今年的漸進式差異（incremental differences），而錨定，則關注與今年階躍變化的差異（step-change differences）。

典型漸進式的差異包括：

- 生產力提升。
- 通貨膨脹、薪資等。
- 新倡議和新項目。
- 市場和競爭趨勢。
- 定價的機會和壓力。

這些討論可能像是曠日費時的壕溝戰，而員工職能部門[7]往往會占有優勢，因為它們代表高層管理行事，擁有高層管理階層的支持和權力；同時他們有百分之百的心力投入預算討論，反觀經理人則同時還要管理自己的業務。

因此許多經理人早早就放棄，但這是個錯誤決定。用一個月辛苦談判出一個較容易達成的預算，總比設定太高的預算目標而必須辛苦一整年要好。

**”用一個月辛苦談判出一個較容易達成的預算，總比設定太高的預算目標而必須辛苦一整年要好。**

從資深管理層級的角度來看，這個討論正好反轉過來。他們知道在預算談判裡會有很多的賽局交鋒，每個預算持有人都有預先盤算好的論點，來說明未來前景是獨一無二的險峻，因此要達成任何利潤目標幾乎是不可能。不過，資深經理人會用兩招來防禦：

一、**員工戰**：動用計畫和財務部門的員工來主持流程、對事實提出挑戰和查核，並維持誠實可信的外貌。

二、**選擇性不講道理**：好的管理者會選擇性不講道理；若是講道理的管理者，他會聆聽某件事為何不可能的所有藉口。任何一位講道理的管理者都會告訴前美國總統甘迺迪（John F. Kennedy），想在十年內把人送上月球的夢想不可能實現——不管科技、能力、組織和經費都辦不到。講道理管理者的這些評估都準確無誤，但也正因此他們都被遺忘。不講理的管理者要求出眾的表現，且會努力支持和促成它。對藉口說詞充耳不聞是個很實用的技能，儘管它可能激怒苦苦哀求的經理。

7 譯注：員工職能部門（staff functions）是指公司裡提供專業諮詢和協助以支援公司的部門。一般而言，人資、公關、會計、法律等單位多半被認定屬於員工職能部門。

## 如何管理預算？

一、**協商預算**：不要等待預算加諸於你。提早發動，努力爭取你能達標的預算。運用軟預算來超額完成目標；不要因為有挑戰性的預算陷入掙扎。

二、**一定要達成預算目標**：一旦接受了預算，就要全力以赴，予以達成。

三、**爭取前期績效**：意外在所難免，且鮮少令人愉快。在第一季／上半年努力表現，縮減開支並創造超額的營收。

四、**提早動用自主裁量預算（discretionary budget）**：自主裁量預算（比如：研討會、研究費、市場測試）到了最後一個季度，會因為年關緊縮而無可避免地被沒收。如果先用掉了，自然就沒有沒收的問題。

五、**注意應計項目（accruals）**：永遠要向前看，知道自己做過哪些承諾。做出直到年終的準確預測，好讓自己必要時做出修正的行動。

六、**保留實力**：為年底預留儲備。把新進員工的聘僱往後延遲幾個月；把他們的薪資充當儲備。

**七、緊縮開支：**動用開支要明智，對每一筆分項帳目都要斤斤計較；緊縮開支（削減供應商價格）或乾脆把開支刪除。

**八、保護預算：**注意一些預算的把戲，例如其他部門把成本移轉給你，或是抬高移轉訂價，或是公司總部強制提供服務並收費。要像應付外部供應商一樣，打好公司內部的領土爭奪戰：要堅定地談判。

**九、及早行動：**如果要轉換方向，要在仍可達成預算的時刻儘早行動。如果錯過了時機，要想出一套很好的說詞，說明你將如何彌補差額。要保持對於訊息傳遞和計畫施行的掌控。

**十、超額完成目標（但不要超出太多了）：**如果這一年來表現理想，那麼在最後一季保留一點儲備：提前動用開支，以避免低於預算太多；推遲營收，以避免超額過多。如此一來，可讓來年的基準線維持在低水準，讓你在明年可以有個快速的起步。

# 預算管理：年度的例行舞步

每一年都是遵循一個可預測的預算週期。一年的開始充滿了希望，接著逐漸緊縮。高績效的單位突然目標被拉得更高，以彌補表現較差單位的不足；表現較差的單位開始得到比預期還多的幫助。預算未達標是令人不舒服的經驗，而這樣的循環也塑造出了經理人必須管理預算的方式。

要在官方數據公布前預先掌握數字，目的是為了展示你掌控業務的運作，並在事情偏離運作軌道時及早作出修正。等收到報告說你期待的預算徹底無望，事情就太遲了。會計的數據是向後看的——你不可能靠著回頭看，來推動事業前進。

大部分部門都可以預先預測三個月後會發生什麼事：銷售部門有它的銷售管道；人資部門有它招聘的管道。真正掌控全局的經理人，應該早就看出因為同業競爭、客戶付款問題、大型計畫超額完成等問題會引發的重大挑戰。你必須利用這類資訊，來打造自己的早期預警雷達系統。

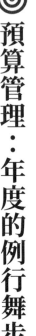

要想未雨綢繆，以下有兩個簡單的原則可供幫助：

一、**48／52規則**：這是個簡單的紀律，要做到在財政年度的前六個月花費四十八%的預算，但達成五十二%的目標，如此可以建立儲備，以防下半年出現狀況。就算在上半年有問題發生，48／52規則代表著你上半年的結果仍可能接近於50／50。

二、**預留儲備**：應該要建構原始預算，這樣才會知道哪些地方可以削減。或許你知道有某個供應商還可以稍稍壓榨，或是某個項目的成本被高估，或是某個行銷活動過於豐富。預留儲備最簡單的方法是暫緩聘僱新進人員兩、三個月。可以把預算裡的薪資支付當成儲蓄，把所有儲蓄的錢留下來以備不時之需。

要做好溝通管理，記住要遵循三個原則：

一、**避免意外情況**：若眼前關於預算的壞消息即將到來，要提早準備並讓高層主管預先了解其挑戰與成因，並提出你的解決方案。如果要高層先打電話要求你解釋為何出現負方差（negative variance），麻煩就大了。這會顯得狀況不在你的掌控中，你處於被動的守勢，被迫接受來自行政人員和高層主管的協助，這是任何一個頭腦清醒的經理人都不希望的事。

二、**要避免吹噓**：情況一帆風順時難免愛吹噓，這是人之天性。至於高層主管的天性，則是看到事情發展一帆風順時把預算向上調整。當情況順利時，要把期待調低，告訴大家下半年度要比上半年度有更多挑戰，盡可能維持原有的預算承諾。

三、**別發牢騷，要協商**：如果上級強制要修改預算，就好好利用它來重新談判你對於預算的承諾，不要無償提供你所擁有的東西。

排定開支的優先順序，同時小心謹慎做分階段的開支。這裡，必須做到一個巧妙的平衡：保留儲備的原則需要延後開銷。但是你也知道預算在後半年會變得緊繃，所以需要把一些支出往前移。需要提早開支的花費包含兩個元素：

一、可能在後半年度會被刪除的業務基本投資——需要時間才能得到回報的生產力投資，可能因年終的預算壓縮而被犧牲。

二、一出現預算緊繃，自主裁量預算必然會被刪除，但它卻是打造團隊及其技能所必須。像是研討會、訓練課程，以及筆電的汰換都是很容易被刪減的部分。如果你認定它們很重要，不管是什麼理由，就要在錢被拿走之前把它用掉。

**”管理階層之所以不相信你所提供的數據，是因爲不信任你本人。**

這些做法都預設你掌握了正確的財務數據。在高層主管團隊面前失去信用最快的方法，或許就是提供不可靠的數據。如果管理階層無法信任你的數據，他們就無法信任你。為此，最好在團隊裡找一位好的會計，以提供你所需的數據和保護。

## 預算的實用性和無用性

十八歲時，我想辦法在英國稅務局（如今改名英國稅務與海關總署）找到了一份為期十個星期的工作。它是我萬不得已的雇主，我也是它萬不得已的雇員，我們是天生的絕配。

這份工作本身就是一堂無用的教育。我必須徒手修改一萬個納稅人的稅務編號，意思是：拿三個數字加起來，創造出第四個數字，其效率之低叫人瞠目結舌：

- 十個星期的工作，只要（最多）五星期就可做完。
- 利用電腦，這工作只需要幾秒鐘就可完成。
- 不論如何，這項工作完全無關緊要，因為在這個年度儀式完成的隔一天，英國政府就會變更稅務編號，然後整個工作將重新做一遍。

在第八週時我的經理神色慌張。他要我做點事，不管是什麼事，只要看起來像在忙就行了。因為一位督察員即將到來，要是他看到我已經完成十個星期的工作任務，他可能因此歸結出十個星期的時間太長，如此一來，明年這位經理的預算將會被刪減。於是，我拚命裝忙，經理保住了他的預算，我則得到下班後的一品脫啤酒。大家都滿意，除了長期受苦的納稅人——老掉牙的故事。

我開始懷疑商業活動和預算不光是關於效率和合理性，其中似乎也涉及政治還有權力。不過我安慰自己，只有英國稅務局才會如此。這是政府強制執行的壟斷業務，你有什麼好期待的？顯然其他的企業和預算會更加理性和有效率，不摻雜政治的成分，是吧？

## 成本管理：把痛苦降到最低

成本管理是管理的核心要務。無可避免，管理者永遠左支右絀，投入成本老是在增加，比如：客戶絕少會自願提高價格、員工絕少會自願減薪、供應商總希望要多一點，稅務人員永遠樂於再多撈幾塊錢。另一方面，資深管理階層和市場的無情邏輯則要求更好更快更便宜，不只要削減成本，還要把事情做好。人們已經不再考慮成本和品質之間孰輕孰重，他們兩者都要。

這種壓力的累積如時鐘一樣，隨著財務年度逼近尾聲而升高。一年的開始充滿希望，但隨著時間進展，達成目標愈來愈有挑戰。某個產品、某個地區遇上了大問題，於是整個組織都感受到這份痛苦——其他地區和產品的目標都被調高，以彌補日本小零件市場的不足、俄羅斯業務的禁運制裁，或是在美國的訴訟。

到了年底，管理階層不可避免會注意年度報告裡的關鍵數字，所以，對以下的要求最好先做好心理準備：

- **削減成本以滿足預算：**削減成本要比提高收入簡單、快速、更有把握，且它直接反映在財務報表上最後盈虧的數字。當然它也給明年製造了一些問題，不過，明年的事可以留給明年再來擔心。
- **透過擠壓供應商（延期付款）和客戶（要求立即付款）來管理現金。**
- **發揮創意：**把支出資本化（capitalise expenditure）、增加更多的特別預備金、延遲重大計畫項目、儘早確認收入。

精明的管理者知道這種壓力即將到來，會事先做好準備。這個準備工作是以以下所述的五段式防禦策略所構成。當削減成本已成為預算週期的一部分，削減的目的是用最低限度的調整來達成管理高層的任意要求，並避免對企業本身造成任何實質的損害。不論如何，短期間為了符合預算所做的成本削減，跟每個管理為了提升生產力而應該去做、有計畫的成本削減，有著根本上的差異。

在經濟衰退時，成本削減往往關乎企業生存，而不是為了生產力，其結果可能非常不堪。最聰明的公司會利用衰退期來清除組織和管理上不堪用的人事物。在經濟衰退期，聰明腦袋可不是每家公司都有的奢侈品。

然而，生產力才是關乎真正的成本改進；基於年度預算週期所做的成本削減（相對於經濟衰退的恐慌反應），牽涉到所有不同管理層級相當多的賽局博弈。對抗基於預算要求的成本削減，有一套五重的防禦策略：

一、進行賽局。
二、軟施壓。
三、硬施壓。
四、進行實質改變。
五、假裝進行實質改變。

## 進行賽局

管理者有三個主要工具來參與賽局，每個工具的設計都是為了避免因為嚴重的成本削減而損害企業。

一、**預作儲備：**這是招輕柔的技藝，要盡可能長時間躲避管理階層和員工窺探，以保留最多的儲備。在年中就向供應商施壓並沒有太大意義，萬一高層主管在年底的時候堅持要求每個人的應付款和應收款都要提升二十%時，你就再沒有東西可以壓榨了。這種命令無疑是在懲罰管理良好的單位，至於政治上比較精明的單位則不會有太大的問題。

二、**KKK：**這是日文裡顧問、廣告、和娛樂這三個發音同為K開頭字的統稱。在日本這三項通常被當成是刪減起來最容易、也最無害的成本。每個國家和每個組織裡頭都會有它自己的KKK——或許是顧問、研討會，以及訓練。當然，如果你有一個非常投入的研討會，要記得在緊縮成本的命令宣告之前，確認自己已登記、繳費，且不可退費。

三、**時機拿捏：**要有延遲成本或加速營收的準備。如果這一年有很好的表現，就要努力加速成本和延遲營收；如果今年表現超出預期，明年就得面對更高的年度目標。比較理想的狀況是明年從適度的目標開始，如此在績效表現上就可以快速起步。

賽局必須以正確方式進行。一般來說，參與賽局時常犯的錯誤有兩個：

一、太輕易對新的目標做出讓步。

二、對新的目標發牢騷。跟管理階層說要達成這個目標很不容易，會讓他們覺得很得意——你剛剛幫他們確認了，必須「很努力」工作才能達成新的目標。管理階層喜歡的正是努力工作並達成目標的經理人。

> **如果你不問問題，就得不到答案。**

如果可以的話，**要把新目標當做談判的機會。**透過談判讓管理層明白削減成本的後果，而這個後果他們必須去處理。成本削減不可能憑空想像。有兩件事情你可以嘗試要求：

一、**延遲達成管理層所關切的某個重大專案：**這將測試管理層的決心，並給你更多時間去完成這個項目。當然，你的藉口是預算較少代表支援較少，所以需要更多時間完成。

二、**下調明年的目標：**現在的投資不足，會在未來造成績效方面的後果。成功的重新談判需要堅持不懈、口才、政治支持和一些運氣。但是，如果你不問問題，就得不到答案。

## 軟施壓

在賽局結束之後，你可能要開始做出真正的成本削減。所謂的軟施壓可帶來四個不同程度的痛苦：

一、**擠壓可自主裁量的外部人員和成本：**仔細查看臨時工、契約員工，以及顧問職。這些人多半不會有忠誠度的問題，自然也不須對他們客氣，必要時就把他們弄走。另外，開始把出差的機票降級，公司裡的大咖將會發現，進了登機門之後向右轉而不是向左轉，不至於讓人心臟病發作。

二、**擠壓內部可自主裁量的工作：**不要再加班。開始加強員工在工作與生活之間的平衡，例如：彈性時間、休假進修（sabbatical）、任務分攤。當情況變得更艱困，可以把年底休假或夏季停工的時間延長。

三、**凍結人員編制：**通常的辦法是在有人離職時，把接替人選的聘僱程序弄得很困難，但仍要想辦法把人手放在最迫切需要的地方。所以假如有人離職了，先別假設自然要找人遞補，這個缺額或許更適合運用在別的地方。

四、**凍結招聘：**開始會真正叫人痛苦，就是有人離職但逢缺不補。通常承受最大壓力的部門，員工的流動率也愈大，為此因凍結招聘造成傷害的單位，往往也是最承擔不起傷害的單位。重新分配員工常會出現困難，因為他們的職能組合未必配合。除非是很短暫的措施，不然要凍結招聘並不是容易的事。即使在這個階段，管理者仍需要盡可能維持團隊的完整性。削減團隊會不利於士氣，會削弱業務的運作。

軟施壓早期的代表徵兆是咖啡機——它由免費變成要付錢了。其實這節省下來的錢與公司的預算並無相關，這類動作是為了象徵性的目的，意思是要提高員工的成本意識，但大部分時候，這只會降低員工士氣。

## 硬施壓

真正喊痛的時候到了。自願離職是它的最後一道防線，可透過兩個方法達成：

### 一、調高門檻

提高績效的標準，並悄悄勸退績效較差的人員。這是比較有格調的解決方案，或可提升團隊的整體品質並處理掉缺乏貢獻的人力。從這個角度來看，經濟衰退是件好事，有助於企業清理門戶。

經濟衰退同時可以清理掉不良企業和不好的經理人。問題在於它需要時間——需要時間去建立績效紀錄（或缺乏績效紀錄），也需要時間做人員安置。在長期的管理作業上它的效果良好，但較難回應短期削減成本的行動。

## 二、尋求自願者

這有可能演變成災難。它等於承認大船即將沉沒，會游泳的人自求多福。在別處也能找到好工作的優秀人才將出走，但在別的地方找不到工作的人則是死抱著逐漸下沉的船，而這恰恰是你不想要保留的團隊。

最後的選擇，則是進行非自願裁員，這顯然是已經陷入危機的組織。沒有所謂溫柔的解僱方式。就像處決人一樣，只有較不殘酷的方式——快速處理總比讓受害者承受痛苦好。以盡可能保有尊嚴的方式讓這些不走運的人離開，也讓他們對未來抱有更大的希望。不過。要小心不要對他們關心過頭。這聽起來有點殘酷，但畢竟繼續要和你一起生活、一起工作的是留下來的倖存者，而不是已離開的失敗者。合情合理的做法是花時間幫助倖存者感到仍然有希望，公司仍有他們可容身的未來。

## 進行實質改變

上述削減成本的努力，實際上都無法改善業務的基本表現。膝蓋反射式的一味削減成本看似有聲有色，還能幫執行長拿更大分紅，但無助於企業。

與此相對，實際上真正的變革來自兩個不同方向：

一、**營運的持續改進：**用 Kaizen（持續改良）的手段，每年對成本和品質做出幾個百分點的改進。每年減少四%的成本，要比五年才進行一次、一口氣削減二十%成本的做法更有成效，同時也較不會痛苦。

二、**策略的改變：**這是對成本模型做出結構性改變，例如：汰除無利可圖且成本高的產品、市場、和通路；開發新的技術、產品、和市場；改變在市場的競爭座標位置。這些東西寫在報告上好像很容易，要達成卻非常困難。

深受執行長們喜好的策略改變，是所謂的金融工程（financial engineering），亦即：利用公司的資產負債表來收購和賣出企業。在景氣好時買進，在衰退時賣出。當執行長玩起企業版的「大富翁遊戲」，股東們要賠錢，當莊的銀行則是贏家。銀行家不管好壞都賺錢——他們收取建議購買和銷售以及債務融資的費用。在景氣好的時候買標價過高的資產，在不景氣時用拋售價格賣出的股東們則成了輸家。

進行實質改變的問題在於，所有的競爭對手都是用和你大致相同的技術和才能，做和你差不多一樣的事情。因此，每一年都得更加努力，才能在競爭中維持現況。至少，不會有人假裝管理很容易。

## 假裝進行實質改變

持續改善成本和生產力的需求真實存在，即使是最成功的組織也不能停滯不前。不過組織愈是成功，管理者就愈不覺得做痛苦的決定有其必要。因此不可免的，他們會找到辦法展現自己正做出重大的改善，但實際上卻是什麼也沒做。這類削減成本帶來的是「紅錢」（red dollar）：看起來漂亮，卻一點價值都沒有，不像貨真價實的「綠錢」（green dollar）。

## 三千五百萬美元消失的神祕案件

總公司平靜地宣布要把原本就高到離譜的九千四百萬美元預算，增加到一億三千四百萬美元。這等於是要把可能的四千萬美元紅利給偷走。當人們質疑這個數字時，它丟出了一個挑戰：「如果有人認為有辦法把這筆艱難的預算減少到一億美元，歡迎來試試看。」總公司的經理們呵呵笑，他們知道沒有人會這麼傻，會想和整個總公司為敵。

好吧，可能沒有人這麼傻。倒楣的是（對他們、還有對我而言）我就在同一間房裡。我自願接下這個職涯上的自殺任務。這項挑戰是找到帳面上節省下來的三千五百萬美元，又不至於成為行業裡掌握權勢的大爺們的死對頭。我要循著「紅錢」的舞步：

- **利用錯誤的基準線**：削減一億三千四百萬的概念上的預算（notional budget），要比從今天九千四百萬實際花費和實際職位中刪減預算容易得多。我刪掉三千五百萬美元後，總公司的預算仍增加了超過五％（從九千四百萬美元增加到九千九百萬美元）。

- **成本移轉：**總公司喜歡這一套。所有東西我們都開始收費，包括語音信箱系統。0800免費電話再會了；普通的收費電話號碼進來了。總體業務上並沒有變得更好，但總公司可以展示它淨成本減少了。
- **盡可能把許多成本資本化：**把總公司搬到我們擁有永久產權且忘了收租金的地點。這明顯節省了大量的開支；把筆電汰換的週期從兩年延長為四年。

這個動作在檯面上共節省了三千五百萬美元，但實際上卻沒有幫公司節省一毛錢的成本。不過它挽救了我的職業生涯，所以它是一次很有價值的行動。

要製造這種中看不中用的「紅錢」有兩種辦法：

## 一、擠氣球

擠壓氣球會把氣球裡的空氣從一個地方擠到另一個地方，但無法減少裡頭空氣的總量。所謂擠壓公司的氣球，是把成本從一個地方移到另一個地方來製造改進的假象。擠氣球的方法又分為兩種：

❶ **把成本移轉到其他部門**：提高移轉的價格、為過去免費的服務徵收費用（IT服務臺、法律援助、工資管理等）。

❷ **把成本移轉到其他年度**：延遲支付客戶、延後重大開支、把支出資本化（然後在未來五年支付新發現資產的折舊費用）。

## 二、調控計分板

這是諮詢顧問和需要展示專案成果的專案經理最喜愛的方法。同樣地，調控計分板有兩個基本的方式：

❶ **把所有潛在收益當成實質收益**：重新修改的計畫項目可能已經找出五十人中出現二十%的產能過剩，但是你不可能把每個人的產能都削減二十%。於是，計畫項目的領導者和部門經理商定，已經找出二十%（或十名員工）的削減成本，接著他們把這二十%放入這個計畫已達成的成本節省長串清單

中。在冗長千篇一律的報表中，資深經理未能進一步追查這二十%實際上是部門經理所創造出來。

❷ **改變基準線：**如果某個部門尋求增加三十%的預算，最後議定增加了十五%，要有心理準備它會被說成是預算已經刪減了十五%。增加十五%轉換一個說法變成減少十五%——這個策略是政治人物辯論預算時最愛的技倆。

像這類的賽局遊戲，是組織過於龐大臃腫的明顯特徵。知道這類賽局如何進行，能幫助你看出並掌握賽局，或視情況需要時也投入賽局。

## 設定和控制預算

**一、嚴格要求：**管理者永遠都希望有比較寬鬆的軟預算（soft budget），且會不斷找出一堆理由來支持。你必須提出質問並敦促他們改進。

**二、和會計師／財務人員當朋友：**這些人可以成為你的眼線和耳目，在非預期事故造成嚴重傷害前幫忙你先找出來。

**三、建立清晰的控管機制：**要釐定清楚誰得到授權、可以花多少錢。嚴格執行控管。但不要事必躬親的微型管理：信任你的經理人，給予一些預算裁量空間，不需要每張影印文件都由你授權。

**四、遵照流程：**你會聽到許多藉口，告訴你為什麼支出延期、為什麼錯過了月底結算，以及帳戶為什麼過期。如果你的數據不佳又過期，就不可能做好管理。為此，要強化流程和標準的執行。

**五、要讓經理人負起責任——預算就是預算：**固定（每個月）進行檢討，讓經理人有機會解釋差異並做出改正措施的協議。你會有聽不完的關於預算為何必須變更的理由。不過，當團隊已經對一份預算做出承諾，那就是他們和你定下的契約。總之，要求他們遵守契約。

**六、想盡辦法拿走節省的成本：**無可避免，有些部門會超出預算。因此你必須在各部門之間重新調整，這也意味著必須把任何節省的成本都留下來。

**七、把重點放在應計款項，而不是現金：**支出不是只有現金，也包含對未來支出的承諾。要像管控現金一樣管控你的承諾，並根據承諾做出預測。

**八、把握重點，抓大放小：**去控制像是影印成本這類小項目比較容易，反之，控管像是薪資這種大的項目就比較不容易，但這也是你當經理人的原因——你必須去做不容易的事。

**九、手段要靈活有彈性：**對於目標要一絲不苟，但對於目標如何達成則要有彈性。信賴團隊的創造力，同時協助他們達成目標。

**十、注意賽局遊戲：**身為管理者，你參與各種賽局，也因此知道其中的把戲，比如：預留儲備、延遲招聘、在年度結束時隱藏成本和營收。你可以自行決定要配合或對抗這些把戲，但無論如何，都要掌握狀況做出知情的選擇。

# 靈活運用報表：重點是假設，不是數學

在試算表（spreadsheet）問世之前，曾有個天真的假設認為：數學好就等於好的想法；如果數學不大可靠，它的想法也不會可靠。

在試算表的年代，除非有人用很複雜的算式，我們已經不太需要擔心數學可不可靠。要理解試算表，重點不在數學好不好，而在於有沒有好好思考。最好要先理解，試算表是如何製作出來的。做報表的人，會運用兩個基本策略：

一、**從右下角開始做起**：你知道答案一定是x%或£y（百萬英鎊），所以可以一直調整輸入數字直到你導出了x或y。接著再設一個安全邊際（safety margin），並確認數字不是太恰巧的整數，以免啟人疑竇。

二、**用數據壓倒對手（資深經理和幕僚）**：在六個相關頁面上，用大約兩百行細項和四十列的數據應該足以嚇倒大部分人，況且他們真正想看到的，是試算表右下角的數字是否看起來漂亮：x或y，再加上一點安全邊際。

試算表的生存遊戲規則非常簡單，同時，試算表的規則對撰寫者或閱讀者而言也截然不同。

一般來說，試算表撰寫者的規則如下：

- 從右下角期望的答案開始著手。
- 套用各種情境或假設，來印證答案的正當性。
- 比較不重要但容易檢查的假設，要設定得很保守，才不致顯得自己莽撞，且要有證據來表明你的小心謹慎。
- 遮掩痕跡，保留一點安全邊際和避免湊巧的整數。
- 找關鍵人物來驗證模型中關鍵假設的有效性，讓管理高層無法單獨挑它的毛病。驗證是整個過程裡最痛苦，但也最有用的部分：它被銷售、行銷、人資、財務以及其他相關專家們運用在檢查假設的過程中，藉以獲得洞見、測試想法，並在日後建立可信度。

為此，對試算表的閱讀者而言，規則基本上是反了過來：

• 先忽略答案，除非它不是你想要的答案。要先假定答案已經加工灌水。
• 在查看試算表之前，先預想一下會左右結果的五個主要假設，並注意每個假設在合理情況下應當是什麼樣子。
• 在查看試算表之前，詢問試算表的撰寫者，對於你所找出的五大假設因素，他或她的設定是什麼。你們在這裡也許會有一場熱烈的討論。
• 提出「萬一……該怎麼辦」的問題：萬一每個主要的假設，最後都和你的預期結果不同要怎麼辦？哪些地方具有風險？要如何減少這些風險？依據假設的改變創造一些可能情境——這是基本的敏感度分析。絕對不要只依賴單一的解決方案，而是要考慮多種可能情境。

到這個時候，試算表才值得實際去看一看。

# 有效利用時間：不要做白工，要做出成果

常常有人辛苦工作卻落得白忙一場。我們的挑戰目標，是用盡可能少的時間獲得盡可能最大的成就。身為經理人，時間是最寶貴的資源，因為你不可能創造更多的時間；你經常會發現待辦事項超過了一天的工作時間，你永遠在後頭苦苦追趕。

**”時間就是你最寶貴的資源。**

要擺脫這個困境最好的方法是提醒自己，你的任務是要透過他人讓事情實現、你的任務並不是所有工作都由你自己來做。**雖然無法創造出更多時間，但可以運用管理的魔法，透過他人來創造出無限的時間。**只要有充分的資源和充分的團隊，就

能創造出無限制的時間——你有其他人來為你做事。

說到這裡，經理人也許會反駁說，他們無法增加團隊或預算規模。身為管理者，你的角色是做好目標和資源的匹配。如果被要求執行一個大的專案計畫，那就應該要求一筆大預算。如果預算沒有到位，可能就表示這個計畫不是那麼大或那麼重要。身為管理者，在接下任務之前，要確認目標與資源相符。如果做不到這一點，等於是幫自己簽下幾個月的苦難，好比要嘗試用十美元做出一百美元的餐點。

話雖如此，即使建立了想要的團隊，可能還是會發現時間受到限制。工作不會占據你可用的時間量，而是會占據你一一〇%的可用時間量，這是專業工作不可避免的事。專業人員希望被看到他們做得很好，所以他們有任務超額達成的傾向。為此，你不得不找個方法來控制時間安排，否則就會被時間所控制。

以下是讓你重新控制時間的五個方法：

一、了解個人想要達成的目標。

二、短期目標必須清楚明確。

三、運用短間隔的時間排程。

四、避免被打斷。

五、建立休息時間和界限。

前兩個技巧著重在運用時間的有效性（time effectiveness），亦即確認自己做的是對的事；後三個著重時間的效率（time efficiency），它是大部分時間管理訓練的傳統重點。但是如果著重在錯誤的事情上，時間運用的再怎麼有效率也毫無用處。基於這個理由，首先要關注時間的有效性。

## 了解個人想要達成的目標

如果想要有效運用時間，應該先仔細思考我們想要達成什麼目標。沒有簡單的答案，但是有一些簡單的問題。

> ”沒有簡單的答案，但是有一些簡單的問題。

然而，這些問題如果在火燒眉毛時發問非常惱人。換言之，它們適合在遠離工作壓力的寧靜時刻思考：

- 當（如果）我退休時，我要告訴我的孫子孫女我做過了什麼？
- 十年（二十年）之後，我會如何記住這一年？
- 今年的目標是什麼？這一季？這個月？這星期？這一天？這個小時？此刻？
- 我現在進行的活動，是否和我前三題的答案相符合？
- 我如何創造或找到一個情境，讓我能實現前三個問題的答案？

以下是一些二十年後你不會記得的事：

- 發送電子郵件、打電話、出席會議的次數。
- 你的年終獎金或加薪。
- 你相對於公司目標的表現績效。

• 在辦公室或在路上所花的時間。

然而，這些正好就是管理工作每天、每年消耗最多時間和注意力的事情；切記重點是，它們本身並不是目的，而是達成目的的手段。電子郵件、開會、電話聯繫是必要的活動，但只有當它們帶來有意義的成果，它們才有意義——不管是對專業而言或對個人而言，皆是如此。甚至就連達成今年的銷售目標本身也不是目的，它是達成其他專業和個人目標的手段。以個人來說，它能為你付帳單，或資助某個你長久渴望的夢想；就專業而言，完成銷售目標可能只是個踏腳石讓你得到一直想要的工作，或是創辦一直想要的組織。

知道自己想做什麼，這聽起來似乎再合理不過，但實際上並非如此。用英國左翼作家喬治．歐威爾（George Orwell）的話說：「要看清眼前的事物，需要持續不斷的鬥爭。」許多高層主管看不到自己眼前的東西。當下的難關讓他們看不到其他的機會。偶爾偏離軌道去累積經驗、技能和人脈，要比盲目專注於上級交付的目標，更能達成長期目標。偏離軌道的勇氣，唯有來自於知道自己在找些什麼。

## 達爾文：做出成果，不做白工

查爾斯．達爾文（Charles Darwin）看似充滿閒散的氣息，但閱讀他對搭乘小獵犬號三年旅程的描述會讓人大開眼界。他並沒有把大部分時間都花在海上航行或進行科學研究，而是把大部分時間都留在陸地上，在阿根廷等地會見朋友的朋友，度過愉快的時光。以現代標準來看，他根本是在浪費自己的時間。

不過他並不是完全無所事事。眾所周知，他在加拉巴哥群島收集和研究各種雀鳥，並為牠們有著些微差異的鳥喙感到大為不解。他回到英國之後繼續在思考這個問題。他受過地質學家的訓練，以致他有了地質學家才會想到的想法：數百萬年的時間讓海床上升成了高山。在這麼長的時間裡，他可以想像出動物們如何適應並產生劇烈的改變。慢慢地，他提出了演化論的構想。

以現代標準來看，達爾文或許懶散，但同時也專心致志。因為專心致志，他的成就遠遠超過那些二十四小時神經緊繃、多工作業的高層主管，他們只為忙著展現自己的重要性。埋頭苦幹和達成目標，是兩個截然不同的概念。

## 短期目標必須清楚明確

擁有清晰的目標至關重要，它能讓你把時間專注在真正要緊的事情上，同時幫助你從每日例行公事的噪音中分辨出信號。如果你的目標欠缺清晰度，到頭來會發現自己過度操勞，成果卻不符預期。

一般來說，目標難以明確的原因有三個：

一、**模糊的工作範疇：**這是專業職涯的詛咒。在過去，我們很容易看出一個工人做出多少產品或一個業務員賣出多少銷售額；專業人員的產出則難以衡量。一份報告有可能是一頁也可能有一百頁。不管它有多長，總還有更多的事實可以查核、有更多意見可以徵詢。如果想和大部分專業人士一樣，把自己的工作做好，這個報告在交稿期限之前永遠不算完成。

二、**團隊工作：**更糟糕的是，大部分專業工作倚賴團隊作業，因此我們很難說清誰為最終結果做了哪些貢獻。也因此專業人士常常會發現自己努力工作，但成果少之又少。

三、**噪音：**所有工作都牽涉到大量的例行公事，例如：做報告、開會、查核、制定預算、電子郵件、行政業務。很可能一整天的時間都在應付噪音。到頭來，你辛苦的工作卻沒有任何成果。忙得暈頭轉向卻徒勞無功。

為了達到目標的清晰，除了知道該做的事之外，還需要了解其他更多事。你必須知道整個工作的脈絡情境。為此，問問自己以下每個基本問題：

- 這是誰需要的？
- 他們為什麼需要它，會拿它來做什麼用途？
- 最後可接受的／好的／很棒的結果，大概各會是什麼樣子？
- 它在我的工作優先順序中排在什麼位置？
- 有沒有其他可以將其達成的方法？
- 我們會需要多少資源來進行？會由誰來授權？
- 它（真正的）最後期限是什麼時候？查核關卡是什麼？
- 我們需要什麼許可？由誰來批准？

清晰的目標可讓你專注心力，如此，能讓自己有機會把活動轉化為成就。你不會因為發了多少電子郵件或開了多少次會，而在年終得到獎勵。**你得到獎勵是因為你的成就，而非你的活動。**清晰的目標是管理時間和管理職涯的好朋友。

## 運用短間隔的時間排程

一旦有了個明確的目標，就把它拆解成小段衝刺，好比拆分成一年、一個月、一個星期、到今天的目標，再拆分到下一個鐘頭或三十分鐘要達成的事。在每個時間框架目標都務必清晰，否則你會漂移不定。很多時候，三十分鐘目標是處理掉噪音，比如：回覆一堆電子郵件或參加會議。如果你整天的計畫都只是為了處理噪音，那對你來說就是個警訊——你會忙得暈頭轉向卻一事無成。

有人把這個方法稱做番茄工作法（Pomodoro technique），這是以一個番茄造型的廚房計時器來命名的時間管理法。你可以把計時器設定在二十五分鐘，或希望的時間長度，然後在限定時間裡完成短期目標。

把一天拆分成三十分鐘一段（或五十分鐘）的短程衝刺，能讓你設定專注的重點以確保會完成某些事，而不是整天只在應對一堆不重要的事。

## 避免被打斷

針對編碼員的研究顯示，每一次打斷會讓編碼員損失十五分鐘的時間，且當他們重新開始時，他們犯錯的機會可能會更多。中斷是辦公室的危險因素，就算只是問人要不要喝杯咖啡，或是聊一下昨晚的電視劇，都很容易造成干擾。如果需要做高度專注力的工作，要確定待在自己能夠控制或不被人打斷的場所。這類型工作包括審查法律文件、寫程式、核對帳目，而他們也很適合在家工作。

短的工作時程是充分發揮生產力的好方法。可用一些激勵手段讓自己保持專注，比如在完成自己設定的任務之後給予自己獎勵。獎勵的內容也許是到咖啡機取杯咖啡歇口氣，或是滑一下社群網站。在後面我們會看到，這些有結構的休息時間是維持一整天精力的好辦法。缺乏結構、會打斷工作的休息時間，只會讓一天變得更漫長也更辛苦。**工作的時候，就要努力工作保持專注；該休息就好好休息。**

## 建立休息時間和界限

沒有人可以一天工作八個小時都不休息還把事做好。泰勒這位研究時間和活動的大師，在一百多年前研究工人時也發現了這一點。他唯一的目的是要每個工人的產出最大化，這讓他成了工會所憎恨的人物。所以我們可能會驚訝，他竟然會堅持工人每個小時要休息五分鐘，就算他們並不覺得累——他並不是好心為了工人著想，只是想著極大化他們的產出。

身為經理人，你也要做一樣的事。在一天之中建立休息時間和界限，以保持清新有活力。在辦公室裡，當你從前一場會議走到下一場會議，這類的休息時間往往自然而然地出現。你有五分鐘的時間來放鬆前一場會議中的壓力，整理思緒準備下一場會議。和同事打個招呼、上個洗手間和喝杯咖啡，這或許是一整個鐘頭當中最珍貴的五分鐘。反觀在家工作時，就失去了這些自然的休息時間，因為你可以從一場 Zoom 的視訊會議無縫接軌到下一場，但這會令人筋疲力盡。要維持好紀律，理想的做法是堅持每個視訊會議不能超過五十分鐘，要設法重建在辦公室裡兩個會議之間會自然出現的休息時間。

此外，也需要創造工作和非工作時間之間的休息時間。假如在辦公室工作，離開工作的時間就非常明顯；反之在家工作，除非你維持工作時間的紀律，否則永遠離不開工作。為此，應該和整個團隊商定主要工作時間，例如：什麼時間你可以接受視訊通話、什麼時間可以收發電子郵件和即時簡訊，還有什麼時候你需要不受打擾進行工作。如果你沒有事先商定這些時間，工作時間就會沒完沒了。

第三章

# 情緒管理技能

## 與人打交道

ＥＱ（情商）並不是為了親切而親切，組織的目的不是為了友好親切而建立。組織的建立，是為了創造成果，這成果在民營企業裡通常是以利潤的形式呈現。ＥＱ本身不是目的，而是達成目的的手段。

ＥＱ的重點是在於知道如何讓他人做事，也因此占據了管理的核心地位。ＥＱ不同於命令和控制，它是利用影響力讓人們自願去做事，不論你是否對他們有名義上的控制權。在扁平、矩陣式的組織中要讓事情實現，你不可能下命令要別人去做事，因為你對他們並沒有控制權。換言之，你必須找出和他們共事的方法，以取得他們的主動支持和承諾。如果能做到這一點，將擁有遠超乎正式職銜的權力和效力。

ＥＱ並不是非有即無的天生特質。有許多經理人認為自己非常善於和人相處；他們也許是對的，不過在商業環境中，受喜愛和受尊重並不是同一回事。有效的管理者不需要受人喜愛，而是必須受到尊重和信賴。事實上，這不是什麼創新的洞見，早在十五世紀，義大利政治學家馬基維利就建議他的君主「如果二者不能兼得，受人畏懼要好過受人愛戴」，接著，他就建議執行幾個殺雞儆猴的處決以維持秩序。如此激烈的手段雖非一定必要，不過許多老好人的命運很有警世意味——常會發現這些人被冷落在公司的冷門單位，好讓他們的無能表現不致壞事。

**❞有效的管理者不需要受人喜愛，而是必須受到尊重和信賴。**

學習EQ，首先要進行哥白尼式的革命——哥白尼發現了行星地球並非宇宙的中心，同理，EQ就從發現我們不是宇宙的中心開始。有效的EQ要我們從他人的眼中看世界。我們不需要去喜歡或同意我們所見，但需要理解他人的觀點。只有了解他們的世界觀之後，才有可能去改變它。

學習EQ最好的方法，是把它當成與管理核心工作有直接關係的一系列技能。把EQ當成技能來學習的這套方法簡單且實用。在本章，會把重點放在管理核心工作中十項與EQ相關的技能：

- 激勵人心：創造出樂意的追隨者。
- 組織高效能的團隊：RAMP模式。
- 管理專業人士：管理不想被管理的人們。
- 管理無法見面的人：遠距和混合工作模式的團隊。
- 說服：如何打動人心。
- 指導：不再是訓練。
- 授權：做得愈少就做得愈好。
- 處理衝突：從FEAR到EAR。
- 管好心態：管理思維。
- 學習正確行為：了解團隊真正要的是什麼。

敏銳的讀者可能會好奇：說服人和激勵人是否不同？沒錯，確實不同。說服人通常是單一事件，重點是爭取到他人對某個想法或行動方案的支持。說穿了，它可以說是兩個人之間的一樁交易，由一個人說服或影響另一人。激勵人則不是單一的交易，而是開創長期的關係，其中，受到適當激勵的人會在沒有囑咐或請求的情況下主動去做事情。一旦受到良好的激勵，他們就會有超乎預期的表現，做出超乎必要的貢獻。

用心的讀者會發現到，在這裡我們略去了關於變革管理和政治意識這類的主題，它們在下一章PQ（政治商數）的部分會有詳細的介紹。PQ關注的是管理者和組織之間的互動，EQ則比較著重於管理者和其他個人的互動。話不多說，現在先讓我們逐一介紹這些著重EQ的技能。

# 激勵人心：創造出樂意的追隨者

在人類生存幾十萬年之後，我們可能終於找到了激勵人們的方法。為了找到答案，先來看兩個持續主宰管理思維的理論，接著再來看管理實務。

## 基本理論

關於第一個理論，想像一下，組織內部或之外你不喜歡的工作小組，接著再想像一下你特別樂於合作的工作小組。以下兩段描述，哪一個最符合你所選擇的團隊？

### X類型

基本上他們懶惰、躲避工作，他們工作主要是為了錢，他們想盡可能賺錢；他們想盡可能不花費力氣，只要不致受懲罰或損失收入的程度；他們討厭風險、模糊和責任；他們喜歡把困難的決定交給別人，但之後會開始抱怨那些為他們所做的愚蠢決定。控制這些人最好的方法，是緊迫盯人的監控、賞罰分明，以及明確毫不含糊的指示。

## Y類型

透過適當的管理，這些人會投入工作；他們會努力工作，並運用一定程度的創意來克服問題，無需尋求指示；他們會主動承擔責任而不迴避責任，他們希望從工作中得到的顯然也不只是薪水。這些人可信賴並能託付任務，他們不需要密切的監督，也會從工作中學習和成長。

你應該不難分辨分屬於這兩組的人們，這兩組人需要用不同的方式來管理。理論上來說，X類型的人是十九世紀充斥無技能勞工的血汗工廠特徵，而Y類型的人則是二十一世紀先進經濟體裡擁有高技能和高動機勞動力的特徵。實際上，兩種類型的人在各種環境中都可找到，這其中也有很大的自我實現因素。如果把人當成無法信任且需要被控制的對象來對待，他們就會開始用X類型的行為來回應X類型的管理——他們用最低限度來配合要求，但不大可能會全力以赴。同樣地，開始用Y類型的風格來管理，人們也比較可能做出積極的回應。

這兩種類型的人在美國社會心理學家麥格雷戈（Douglas McGregor）於一九六〇年出版的《企業的人性面》（*The Human Side of Enterprise*）中做了介紹。經過六十年之後，X類型管理者（緊密控制、嚴厲的管理者）和Y類型管理者（授權、信任的類型）的概念仍然存在。X類型和Y類型的區分法提供了簡單明瞭的洞見：

- 不同的人需要不同的管理方式。
- 大部分管理者有偏向X類型或偏向Y類型的趨勢。

因此，管理者必須要找到能發揮其管理風格的適當環境，抑或是調整自己的風格以適應不同的狀況。回想一下你共事過的大部分管理者，他們很少能夠在X類型和Y類型之間轉換。風格的衝突，是絕大部分失能團隊其管理的核心問題。

## 更細緻的理論

或許你想要更細緻一點，不是在「X類型」和「Y類型」之間簡單二選一的理論。那我們先把麥格雷戈放在一旁，介紹美國心理學家馬斯洛（Abraham Maslow）出場。馬斯洛從一九四三年的《人類動機理論》（*A Theory of Human Motivation*）到一九九七年的《動機與人格》（*Motivation and Personality*）的一系列文章和書籍，發展出一套「需求層次理論」（Hierarchy of Needs）。理解馬斯洛有其用處，因為：

- 他的名字及其思想深刻滲入許多管理學思想中。
- 他的一些想法非常實用。

馬斯洛的基本洞見是，我們都是需求的成癮者。我們想要的東西永遠沒完沒了；一旦我們滿足了一個層級的需要，會發現有更多我們想要的東西。還是小孩子時，我們想要一部滑步車，接著想要摩托車，再來是汽車；為了跟上我們的同僚，我們會升級到一部跑車，接著是一架私人噴射客機，好跟上其他執行長們的腳步；最後，甚至需要自己的私人巨無霸客機。與此同時，我們會嘲笑任何一個還在騎滑步車的人。馬斯洛從心理學背景來看待這個問題，而經濟學家則注意到同樣的效應，把它稱之為「享樂適應」（Hedonic Adaptation）：向上調整更高的生活標準，要比向下調整簡單得多。如果你說在二十年前生活得很快樂，想想看現在的你，沒有了iPad、智慧型手機、電腦、網路和便宜航班，是否還能快樂？二十年前的人們是怎麼活過來的，現在想來真像個謎。

> ”如果你說在二十年前生活得很快樂，想想看現在的你，沒有了iPad、智慧型手機、電腦、網路和便宜航班，是否還能快樂？

在馬斯洛金字塔（圖3-1）的底部是匱乏性需求（deficiency needs）：如果沒有了食物、水、和空氣（生理需求），我們可能就會不快樂。安全也是一種缺乏需求，若少了住所和保護也會不快樂。在金字塔的頂端是成長需求。我們想要找到意義、留下遺產。這裡大部分的內容呼應了其他心理學家的研究，沒有太多的爭議。話雖如此，馬斯洛的分類有點近乎賣弄心理術語，在管理學範疇中基本無用。詢問一位執行長他是否到了愛的層級，很可能引來錯誤詮釋。要知道人們處於

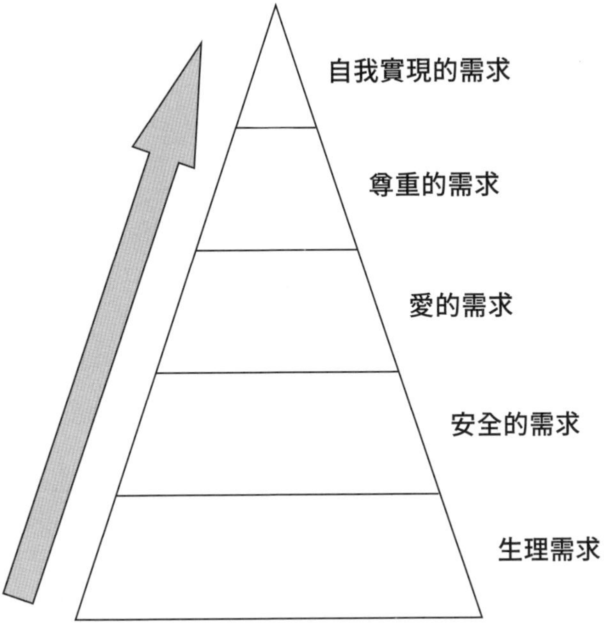


**圖 3-1：馬斯洛的需求層次理論**（馬斯洛，1943，〈人類動機理論〉，《心理學評論》〔*Psychological Review*〕50〔4〕, 370-96。此內容屬公眾領域。）

哪個層級，以及知道因此該怎麼做，並不是顯而易見的事。

管理者需要更簡單、更實用的東西，所以圖 3-2 是根據馬斯洛的需求層次理論的改良版，為管理版的需求層次。

這樣一來就比較方便處理。在景氣好的時候，員工可能會極力爭取更大的認可和獎勵，他們可能對自己留下的遺產有崇高的理念；在不景氣時，人

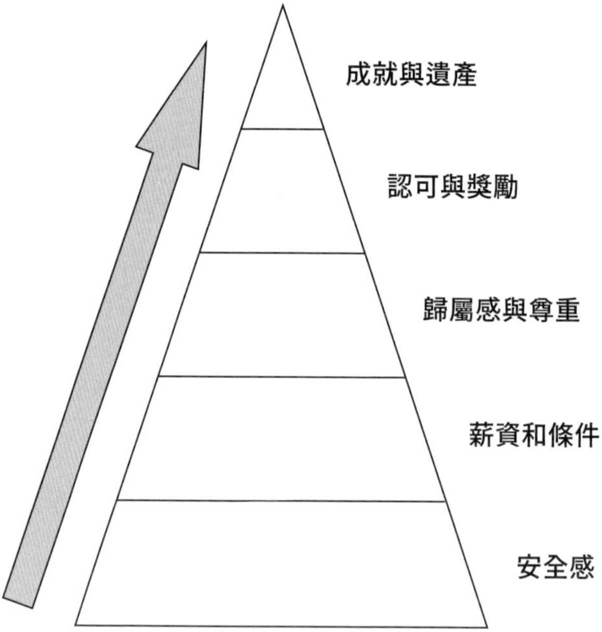


圖 3-2：管理版的需求層次

們關心的重點轉向了工作的安全保障，甚至會犧牲一些薪資和條件以求存活。由此可見，馬斯洛理論合乎商業週期中的邏輯。在平常時，薪資和條件不大可能讓人快樂，但是處理不好則會讓人不開心。

**獎金時刻！**

在投資銀行，發紅利獎金是真相大白的時刻。一位資深交易員分到了三十萬美金的紅利，大部分人應該都會覺得夠多了，但他二話不說馬上憤而辭職（只在把支票存入自己帳戶時稍有遲疑）。因為另一位與他關係密切的同事領到了五十萬美元——顯然這筆錢的金額說明了他的價值不如同事。

對一個明顯是處於認可和獎勵層級的高級主管來說，這給他脆弱且巨大的自我，帶來一記可怕的重擊。

基本上，經理人可以用這個框架來查看團隊是否具備了積極正向的基本條件：

- 人們是否有安全感，或者經常陷入恐慌、不確定和疑惑？
- 薪資和條件是否公平適當？
- 團隊成員是否認為自己是團隊和共同體中的一員，抑或這是優勝劣敗適者生存的環境？
- 團隊成員的貢獻是否得到認可，抑或光環全被一、兩個人獨占？
- 整體而言，團隊是否有值得努力的目標，而這個目標是否支持每個人各自的抱負？

如果上述問題你能提供正面的答案，代表你一直努力為積極的團隊創造條件。不過這還不夠，因為激勵措施不只是紙上談兵的制度。激勵措施是需要實際投入的活動，必須跟人打交道才能激勵人，不是靠紙上談兵。有些管理者會把這個需求層次倒轉過來，利用恐懼和持續的威脅來管理團隊。可能人們為了付房貸，不得不在這樣的老闆底下**為他工作**，但很少會有人想和這種老闆**一起工作**。

## 激勵實踐的魔法

馬斯洛只幫助我們理解了如何創造積極團隊的先決條件，並沒有告訴我們如何在每一天、每一分鐘的日常基礎上和人們打交道。事實上，正面或負面的激勵無時無刻都在發生。小小的動作或幾句話都可能快速提升或拉低每個人的工作動機。這表示，管理者必須對持續變化的情況做出快速和適切的回應，畢竟人並不像計算機那般能精準預測。

為了找出好的經理人的特質，我們評估了我們組織裡的所有經理人，之後也請他們的團隊對他們的經理人進行評估。我們得到龐大的數據，其中許多數據難以消化且非常混亂。不過待我們更進一步查看，就發現有一個問題能準確預測每個管理者在智力、決策能力、個人魅力、組織技能、團隊領導，以及我們尋找的其他所有特質會得到什麼評價。這個問題就是：

**「我的長官關心我和我的職涯」**（同意／不同意）。

這簡單明瞭。人們想要被當成人看待，受到關心、重視和尊重。只要能做到這一點，他們就會回報更多。於是，激勵的新黃金法則是：**展現出你關心團隊中每個**

人的未來發展。

關心並不是永遠滿口好話，用空洞的恭維匆匆應付人，而是需要雙方的承諾和努力。這其中包含了以下幾個特質（在稍後會有更詳細的說明）：

- **聆聽**：在評斷人之前，先提出開放式問題，並理解他們的答案。
- **教導**：幫助人們自行處理問題，而不是替他們解決問題。
- **誠實**：處理令人不快的真相，而不是隱藏真相。
- **履約**：履行屬於自己這部分的心理契約。
- **風格**：尊重每個團隊成員不同的風格和技能；與他們合作，而不是強迫他們配合你的風格。
- **願景和方向**：要讓部門的願景與每個人的個人需求、願景和方向有關聯。

聽起來很花工夫？的確是，但是花工夫有其目的，為的是鼓勵每個團隊成員發揮最大的能力來做出貢獻。聽起來也許複雜，但做下去並不難。事實上，光是嘗試表現關心就會產生立即的影響。

## 組織高效能的團隊：RAMP模式

不論身為經理人的你多麼善於激勵士氣，終究沒辦法光是告訴團隊成員要有動機，成員就會產生動機。就像你沒辦法叫人們要快樂、要樂觀或積極，這些要是發自內心。你是經理人，不是諮商心理師。

所幸，想要激勵團隊並不需要成為諮商心理師，身為經理人的角色是要「創造條件」讓你的團隊受到激勵，同時有高效的表現。

> **”你沒辦法叫對方要快樂、要樂觀、要積極，對方就會改變。**

好消息是，大部分專業人士都有內在動機：他們想要把工作做好。如果他們受冷落、工作表現不佳，你自然會責怪他們，但首先應該查看他們的工作條件，是否支持著高動機和高績效？

經過驗證的過往經驗顯示，你不需要每個星期一早上站上桌子，向他們發表激勵人心的演說，只需要創造四個工作條件就能達成高動機和高績效。如果你做得到，你的團隊很有機會保有或重新發現其內在動機，進而開始做出良好的工作表現。

高動機和高績效的四大支柱，可以用四個字首來總結：RAMP。

- R：支持的關係（**s**upportive relationships）
- A：自主性和責任感（**a**utonomy and accountability）
- M：熟練和成長（**m**astery and growth）
- P：目的性（**p**urpose）

## 支持的關係

傳統上，管理是命令和控制，這說不上是支持的關係。這個傳統隨著專業人士和混合工作模式的興起而受到挑戰。專業人士以他們的工作為傲，不喜歡亦步亦趨的微型管理，所以管得愈少，才能管得愈好，從而讓他們為你做出超額的成果。命令和控制也隨著你無法整天盯著團隊而變得較困難。當你的團隊遠距工作，你沒辦法在背後盯著看，就必須信任他們會做正確的事。

在這個專業人士和混合工作模式的新世界，你必須從「微型管理」改換成「支持你的團隊」。以下是四個與團隊建立支持關係的方法：

- 為團隊設置成功的條件。
- 指導團隊。
- 聆聽。
- 鼓勵同儕團體之間相互支持。

## 為團隊設置成功的條件

這是所有管理者最重要的任務之一：你要確認團隊具備了追求成功所需要的時間、技能、資源、權威、政治支持，以及目標清晰度。為團隊設置成功的條件，就等於設置了自己的成功條件。這代表你必須花時間與資深利害關係人針對目標、金錢和資源，進行樸實無華但可能困難重重的討論。這個時間上的投資，對提升團隊動機和工作績效大有幫助。

## 指導團隊

有些管理者認為，他們的角色是要去處理和解決所有團隊面臨的最困難問題。假如你也是這麼做，不只自己會很辛苦，團隊也沒有學習和成長的機會。

與其自己處理所有困難差事，不如交付一些任務給團隊。不用親自去解決他們會面臨的所有問題，而是把問題交給他們自己來處理。與其直接告訴他們答案，你應當指導他們來發現答案，如此一來，他們可能會想出一個比你原本設想的還要好的解決方案。這有助你的團隊去培養能力，幫助他們成長和發展。

關於指導，在本章稍後「指導：不再是訓練」的段落會再詳細介紹。總之，這是傳統命令和控制型老闆角色上的深刻變化。

## 聆聽

活在分秒必爭的世界，願意花時間聆聽想法並提供支持性的回應會令人受寵若驚，這是展現關心的簡單且有效的一個方式。善於聆聽的兩大標誌是：

- **開放式問題：**所謂開放式問題，是它不可能用簡單的「是」或「否」回答。通常來說，用「如何」（how）和「為什麼」（why）開頭的問題，會比用「你是不是……」（Did you...）開頭的這類是或否的問句，更能問出有營養的答案。
- **重新敘述（paraphrasing）：**團隊成員說完話之後，用自己的話重新說一次往往很有幫助。如果轉述正確，表示你有用心聆聽，團隊成員會因此心懷感謝；如果轉述有誤，正可以當面發現你的誤解。

只要好好聆聽，就會發現你需要發現的事，包括：每個團隊成員內心的期望和恐懼、真正風險和問題的所在，以及即將冒出來的新想法。

## 鼓勵同儕團體之間相互支持

不能把全世界的重擔都放在自己肩上，也不能做團隊裡全部的支持工作，所以要幫助團隊成員能夠彼此協助。建立一套常規讓他們自動互相支持，舉例來說，有個提供危難家庭支持熱線的組織，或在每個輪班的開頭和結尾都進行一個交接會議。這是讓團隊成員調整情緒的機會，讓他們從接聽電話累積的情緒壓力恢復過來，或是準備好迎接下一班的任務——所有人都在互相支持其他所有人。

再舉另外一個例子，某所學校的全體教師按照部門每兩個星期開會一次，討論如何改善自己的專業工作。他們分享問題，也一起發展解決問題的方案。藉由一點點創意，就可以找出方法把同儕與團隊的支持，融入團隊的節奏和例行程序中。

## 自主性和責任感

如果專業人士不想要或不需要接受微型管理，有個簡單的解決之道：少管他們。給予他們想要的自主權，他們會認為這是對他們能力投下的信任票，如此，多半就會盡他們所能回報你對他們展現的信任。

> **”減少對專業人士的管理。**

然而，自主權不代表團隊有全權自由去做任何事，或什麼都不做，而是指他們可以自由採用他們認為最好的方式來達成他們的目標，同時合乎公司的整體政策和倫理規範。這表示身為管理者，你需要採用新的MBWA模式。MBWA曾經風行一時，它是「走動式管理」（management by walking around）的字首縮寫，這個方法幫助管理者掌握公司和團隊裡發生的實際狀況。你可能也想做類似的事，不過MBWA現在有個更好的改良版，那就是「走開式管理」（management by walking away）——學習信任團隊會完成他們承諾要完成的工作，但假如他們尋求你的協助，也能隨時找得到人。

**自律伴隨而來的是責任感**。自由度愈大，責任就愈大。沒有責任心的自主性會混亂失序，這會對身為管理者的你造成問題。專業人士喜歡自主性，但他們往往不喜歡負擔責任。專業人士希望被信任，不希望被評斷，同時也沒有人會喜歡被告知，因為這可能表示他們不夠好。

幸運的是，你可以向團隊鼓吹責任感。雖然專業人士不喜歡承擔責任，但他們更不喜歡權責不清。模糊不清的目標會導致熬夜加班、重複同樣工作、混亂、衝突和壓力。身為管理者，幫助團隊的方式就是確立非常清楚的目標，讓團隊成員能理解並承擔。此外，團隊成員同時需要知道目標和背景脈絡：任務的重要性在哪？它是為誰而做？做好之後是什麼樣子？

一旦提供了目標的清晰度，團隊成員不僅會感謝你，還會把它當成他們必須達成的目標；目標的清晰和歸屬，也是確保團隊為達成目標負責的一個好方法。

推動問責有可能引來反彈，但假如同時推動目標的清晰和自主性，你所推動的責任制將可以激勵團隊表現。

## 熟練和成長

如果你缺乏現今角色的技能，也未開發下一個角色的技能，恐怕很難受到激勵或是有理想的工作表現。換言之，熟練技能和成長是高績效的重要支柱。

很多公司標榜是學習型組織和投資於員工，大力宣稱員工是公司最重要的資產。不過口號往往和現實相違背，一旦財務狀況出現緊張，訓練預算通常是最早被刪減的項目。

為此，必須為自己的專業發展負責。以下是有助於打造發展之路的三個方法：

- 隱性知識與顯性知識。
- 正式訓練與模式辨認。
- 在正確團隊裡的正確經驗。

### 隱性知識與顯性知識

剛開始工作時，會把重點放在打造顯性知識（explicit knowledge）。它們屬於「知道是什麼」（know-what）的技能，是任何職業的基礎，意思就是你必須學會這一行的知識，不管是會計、法律、IT、財務、行銷或是其他任何東西。隨著職涯進展，這些顯性知識的重要性隨時間而遞減，舉例來說，假如經營一家大型IT公司，不大可能整天還在編寫程式。

與此相對，隱性知識（tacit knowledge）則是愈來愈重要。隱性技能是「知道怎麼做」（know-how）的技能，很難有系統地編寫到教科書裡，例如：要如何影響和說服人、如何在這裡完成任務、如何確認得到正確的任務、如何激勵團隊並處理衝突和危機等。

顯性技能一般而言可以在像是商學院的課程中傳授，學習隱性技能則通常靠經驗。關於後者，模式辨認是其中的學習關鍵。讓我們來看看正式訓練（顯性技能的課程）和隱性技能中模式辨認與經驗的角色。

”模式辨認是學習隱性知識的關鍵。

## 正式訓練與模式辨認

混合工作模式的出現為正式訓練創造了新機會。在過去，訓練往往被帶著專業特許理論和一幅掛圖的內部訓練人員所綁架。有些訓練是好的，有的則很糟糕。如今，訓練已經得到解放，一上網就可以接觸到全世界任何地方最優秀的人才、最好的想法，以及最佳的訓練者。如果你的公司沒有訓練方面的投資，如今也可以免費取得許多頂尖大學的線上課程。顯性技能的高品質訓練，從來不曾如此輕易取得過，今日你可以隨意選擇想要什麼、什麼時候要學。請好好充分利用。

另一方面，隱性技能的取得很少是來自正式的課程。說到底，隱性技能是關於模式辨認的問題。你在電影院看過二十部動作片之後，大致就可以預測下一幕會發生什麼事。管理也是同樣的道理，一旦看出了模式，就知道要如何處理它。

在傳統上，這個模式辨認的過程習自經驗。它需要花時間，同時也是讓菜鳥難以翻身變老鳥的好辦法，因為他們缺少相關的經驗。為此，必須去加速你發現的流程。以下是三個可以幫助你做到這一點的方法：

- 從經驗中主動學習，利用WWW和EBI（詳見本章稍後「管好心態：管理思維」的段落）。

- 利用教練學的反思和學習。好的教練過往就看過這些模式，並會適時提醒你注意。如果你沒有教練，可以建立一套夥伴制度，例如，與一個朋友或同事每個星期一次或是每個月共進一次午餐，分享彼此的經驗。
- 利用書籍幫助理解你遇到不可理解的東西，並為日常漫無章法的經驗提供架構。書本沒辦法告訴你所有答案，但它可以指引方向，告訴你去哪裡尋找對你有幫助的答案。

## 在正確團隊裡的正確經驗

從經驗學習，意思是必須從「正確的」主管那裡得到「正確的」經驗。對許多人而言，「職業」（career）是個動詞，而非名詞。它用來形容邁向未來的路上，從一個經驗轉換到另一個經驗的隨機行走。如果遇上好的老闆、好的榜樣，和好的經驗，職涯發展將因此加速前進。然而，也可能碰上不好的經驗，讓你走上處處難行的緩慢道路。

> 對許多人來說，職業是個動詞，而非名詞。

## 超快速的模式辨認學習法

我接受了寶僑公司在英國老牌清潔劑品牌 Daz 的委任。我的工作是對廣告商的提案做出評估。這事關重大，因為廣告是目前每年該品牌最大的自主性支出與投資，但這裡有個小問題：我對 Daz 一無所知，對廣告更是一竅不通。

我的第一個任務是把 Daz 過去五十年來的廣告看過一遍。我可以隨意觀看為這個品牌所拍攝的所有廣告，以及每個廣告推出後的成效資料。在經過一個漫長的午後，我已經可以用驚人的準確度預測出每個新廣告會有的成績表現。

我從來不是廣告專家，不過，結構式的學習讓我快速獲得模式辨認的能力，讓我得以有 sense 的與專家們一起工作。

仔細思考一下未來五到十年的時間，你希望成為什麼樣的角色，接著，就努力想像這些角色需要什麼技能和經驗。接著，確認可以從你想要共事的老闆身上得到你需要的經驗。你不應該把自己的命運交給人資部門隨機安排，不論他們有多專業、本意多麼良善，他們了解你需求的程度絕對比不上你自己，而且他們有其他需求要滿足，例如，填補一些難以填補的職缺。

實際上，你必須知道夢想中的專案計畫和夢想中的老闆在哪兒，以及惡夢般的老闆在哪兒。必須讓自己在夢想老闆身邊具有實用價值。他們可能有些想探索的構想，或是需要幫忙的計畫，你要主動為他們貢獻你的時間。至於在惡夢老闆出沒、找尋受害者加入團隊時，不妨想像自己穿了哈利波特的隱形斗篷——趕快閃人。

## 目的性

以目的性推動的組織，往往會有一些最熱心投入的人，他們支領低薪並在不良條件下工作——想想看軍隊、教會、還有 NGOs（非政府組織）。由此可見，強烈的使命感會激發動機、毅力和好表現。但是，假如整天坐在電腦前面，你如何能有類似的使命感？你的目的不大可能和公司的使命宣言一樣，應該也沒有人早上一起床，會因為不知名的股東們每股獲利增加而感到興奮。

此外，在每日例行公事，諸如：參加會議、回覆電子郵件、撰寫報告，也很難找到太多的目的。你必須在例行公事的背後、在公司使命宣言的背後，才能夠找到對你有意義的目的。你必須「打造」你的職務，讓工作之於你有好處。

**「打造」你的職務，讓工作之於你有好處。**

從工作中找出意義的最好方法，是找找看誰從你的工作中得利。歸根究柢，你做的事必然會在某個地方、對某個人帶來好處。關於這一點，讓我們用以下四個例子來說明。不過，在閱讀這些例子前，先想想自己在以下這些角色裡，是否能找出工作的意義和目的：

- 銀行的風險官。
- 醫院的清潔人員。
- 大學的發展部主任。
- 客戶關係經理。

## 銀行的風險官

如果你是銀行的風險人員（risk officer），可能就是全銀行最不受歡迎的人之一。你的工作就是防止銀行裡其他九十七%的人做出讓銀行同事在今年致富，但在明年可能招來全球金融危機的事情。這是持久的消耗戰，所以說，做這份工作要怎樣做數十年仍保有熱情？大衛正面看待他的工作：「全球金融危機是場大災難，它帶來十年的撙節政策以及政治上極端主義的抬頭。資本主義幾乎把自己毀了，全都是因為風險管理的失敗。我的工作就是要確保我們國家不會再經歷相同的事。如果這還不能讓你早上振作起床上班，那別的事就更不用想了。」

## 醫院的清潔人員

如果醫師是神、護士是天使，那麼清潔工又在哪裡？他們在最底層，總是被人忽略，除非出了問題。這不是光鮮亮眼的工作。不過阿迪爾樂在其中，因為他覺得自己不單單是清潔工。身為清潔人員，他知道自己站在預防感染的最前線，他正協助病患存活和康復。在進行清潔工作時，他知道有些患者孤單想找人聊天，有些則希望獨處。他會跟想聊天的病患閒談，看著他們眼神發亮。護理人員很感謝他為鼓舞病患心情所做的努力。他覺得自己不單單只是清潔工，他認定自己是醫療團隊的重要成員，也喜愛這個工作。

## 大學的發展部主任

撥打募款電話是件苦差事，雖然說至少在大學的發展辦公室裡，你面對的校友們不至於直接掛你電話。校方見到發展部門沉重的工作量，決定讓這些職員們跟募款的受益人直接見面——他們正在籌募的是清寒學生的獎學金。其結果效果驚人，短短一次三十分鐘的會談，就足以讓這些發展部主任的工作效率提高五十%。

當職員們可以和他們工作的受益者連結起來，他們對自己工作變得更有熱忱，同時他們的熱忱也感染了他們打電話聯繫的校友，其結果就是更多的捐款。

上述這三個例子有著同樣的基調。個人從日常乏味的工作中，看到了這份工作對人和社會所帶來的正面影響。如果這樣還起不了作用，還有另一個方式可以打造你的職務，讓它對你個人具有意義和目的。看看你的工作，除了幫你付房租，或是下一趟旅遊的費用之外，還能提供你什麼幫助。這是我們第四個例子「客戶關係經理」的重點。

## 客戶關係經理

蘇珊擔任客戶關係經理並不順利，她並不確定自己是否真的喜歡銷售的工作。她與企業教練討論，而教練注意到她對於業餘劇場很感興趣。為此，他們一起重新打造她的工作角色，要她把工作當成是一個演出，而非只是推銷。每一次對客戶簡報，她都當作是精進表演技巧的一次練習。當她把銷售工作視為一種表演時，她便能以熱情擁抱這份工作。

發掘目的性很個人化且需要一些創意。如果只是為了薪水而工作，很難長久維持高昂的內在動機，除非是在銀行業或法律界，有鉅額的薪資誘惑著你。不過即使如此，也可能發現自己不過是陷入「享樂跑步機」（hedonic treadmill）[1]——賺得愈多，你只想到要再賺更多。

1 譯注：「享樂跑步機」或稱為「享樂適應」，這是經濟學家布里克曼（Philip Brickman）和坎貝爾（Donald T. Campbell）所創的詞。根據這個理論，當一個人賺更多的錢，期望和欲望也與之同步增長，導致幸福感沒有永久性的提升，一如跑步機在原地踏步。

## 管理專業人士：管理不想被管理的人們

管理在過去比較容易——老闆動腦，工人動手。想和做是分開的活動，沒有人預期老闆會親自動手做事，也沒有人預期工人會動腦筋。不過隨著教育普及，十九世紀受過一點教育的工人，慢慢演進到二十一世紀受高等教育、有專業技術的專業人士。好消息是專業人士可以做得更多，但同時他們的期待也更高——他們無法像十九世紀的祖宗們那般對待。管理不得不做出改變，但改變的程度還不夠。指揮和控制的傳統依舊存在，階層分工的概念仍強大如昔。專業人士既反對控制，更不喜歡階級制度，除非自己站在階級金字塔的頂端。

管理專業人士需要一套與傳統指揮和控制截然不同的思維。經理人與其把自己想成是老闆，不如把自己當成是夥伴。大家都是團隊的一員，只是扮演著不同角色，而你必須小心思考自己的角色是什麼。許多初階經理人和能力較差的經理人會有這方面的困難。對他們而言，比較簡易的做法是尋求階級制度的庇護，亦即訴諸於指揮和控制，同時自己負責團隊中最重大的任務。這看起來像是管理，但實際上在兩方面造成與團隊的疏離——團隊並不想接受微型管理，同時也不希望最有挑戰的工作被拿走。專業人士期盼接受鍛鍊，想要從有挑戰的任務中得到學習和成長的機會。

> **專業人士期盼接受鍛鍊，想要從有挑戰的任務中得到學習和成長的機會。**

如果像合作夥伴一樣思考，就會迫使經理人思考能為團隊在什麼地方增加最多的價值。對員工進行微型管理、自己做最困難的工作，恐怕不是正確的答案。與此相對，或許可以在以下幾個地方增加最大的價值：

- 為團隊保障適當的任務、資源和預算。
- 吸引並留住有正確價值觀、適當技能、有適當背景知識和經驗組合的團隊。

- 為團隊發展創造條件（參考前面所提的RAMP模型）。
- 確保管理高層支持團隊所做的工作，進行必要的政治管理。
- 當團隊成員有需求和請求協助時，提供指導和支持。
- 為團隊建立有生產力的節奏和例行程序，包括：溝通、報告、工作時間等。

這些是屬於團隊夥伴的活動，而不是團隊老闆的活動；你要做的是支持團隊，而不是控制他們。這些工作是團隊裡其他人都不容易做到的事，因此比起訴諸指揮和控制的差勁老闆，你能為團隊帶來更多的價值。然而難免有些時候，階級制度會重現它的存在，特別是在考核、薪資以及晉升等方面。不過即使是考核工作，也可以在夥伴關係的精神下進行。

年終的考核應該只是確認你和團隊成員一整年下來討論的內容，換言之，回饋應該是持續不斷且雙向進行。如果這一切運作良好，可以請團隊成員起草自己的考核。比起你起草的考核報告，他們應該會更相信自己的報告並依據考核內容來行事。

**永遠要用合作夥伴的角度來思考，而不是老闆的角度。**

我採訪過許多專業人士，問他們希望從團隊領導者身上得到什麼。以下是我從團隊成員口中得到的十大訣竅。這些想法沒什麼深奧理論，但有很大的影響力。

## 如何管理專業人士？

一、**拓展他們的能力：**專業人士天生追求超越，為此讓他們超額完成任務、超額學習、超額成長。投閒置散的專業人士是危險的專業人士。

二、**設定方向：**專業人士不會尊敬差勁的管理者，所以要設定好方向，清楚說明你要如何達成目標並堅持下去。

三、**保護團隊：**讓團隊專注在可以有所作為的地方。保護他們不受政治、無用的例行常規、公司文化的噪音所影響。把這件事做好，他們甚至會對你心存感激。

四、**支持你的團隊：**為團隊打造成功條件；確認他們有足夠的資源、適當的支援，以及正確的目標。

**五、展現關心**；投注時間在每位團隊成員身上，理解他們的需求和期待；在他們的職涯旅程中提供協助。

**六、避免突發意外**：在進行評估時不要有意外之舉，如此，會讓彼此的信任消失。儘早進行困難的績效討論，好讓他們能夠調整方向。

**七、認可他們**：專業人士有其自尊。要公開表揚他們的工作表現以滿足他們的自我；切記絕對不要公開羞辱他們，難堪的對話要在私底下進行。

**八、委派任務**：如果有疑問，就把工作都派發出去，不要讓他們把問題又推回到你頭上。指導他們自己來解決問題，如此他們會得到學習機會，並成為更有價值的團隊成員。

**九、設定期待**：有些專業人士對獎金和升遷積極爭取，他們什麼都要，且要愈快愈好。然而，關於分紅和晉升的一點點提示，會被當成百分之百的確切承諾，所以傳達訊息時務必清楚且一致。

**十、減少管理**：信任團隊。發揮「走開式管理」。微型管理會顯得欠缺信任，容易累積專業人士的不滿。信任你的團隊，他們會更願意迎接挑戰。

## 管理無法見面的人：遠距和混合工作模式的團隊

全球新冠疫情開啟了一場工作和管理的革命。從二〇二〇年三月的一個週末開始，各公司企業從認定「在家工作」是逃避工作，轉而相信在家工作和混合工作模式才是標準的作業模式。過去，在辦公室裡管理的老方法已不再有用。在被迫採用混合工作模式之後，我們有三點發現：

- **遠距管理要比管理看得到的人更加困難：**即便如激勵員工、生產力管理、溝通、目標設定等基本工作，遠距進行也都比較困難。為此，管理者做每件事都要更有目的性、意圖要更明顯。管理者需要再提高技能門檻，因為你無法對整天都看不到的人進行微型管理，而是必須信任團隊會達成任務，更充分授權、更專注於建立對工作的承諾，而不僅止於要求聽命行事。

- **遠距工作創造新的挑戰和機會：**遠距工作者比較容易變得疏離、心不在焉、失去動力，同時也比較容易因為工作和家庭的界限崩壞而倦勤。不過，這也是重新思考團隊應該在何時、該如何共事的好機會。你可藉此機會重新擬定團隊規則。
- **必要時人們能夠改變的程度，比過去想像中的要更多也更快：**重新回到漸進式變革（incremental change）的舒適圈或許很有吸引力，不過，當全世界都在改變並拚命往前衝時，待在舒適圈很快會讓你覺得不太舒適。再想想看，對於工作的設定，還有哪些可以做出的挑戰和改變？

> **”我們能夠改變的程度，比我們過去想像中的要更多也更快。**

本書其他部分探討身為管理者在技能方面的挑戰，並說明遠距工作如何以及在哪些地方對這些挑戰帶來了改變。至於本節，則是專門要探討：**改寫團隊互動交流規則的過程中所帶來的挑戰和機會。**

在辦公室裡，即使沒有白紙黑字寫下來，大家也都清楚互動的方式——你知道自己什麼時間要工作、你知道什麼人做什麼事，以及該如何即時影響人和決定。透過觀察辦公室裡的主管和同事就可以自然而然學會這一切。反之，當你在家工作，就沒辦法整天觀察他們，而這代表必須更有意識協助你的團隊發掘混合工作模式的新規則。

建立互動新規則的一個好辦法是舉行「方法採用研討會」（Methods Adoption Workshop），這是ＩＢＭ電腦在成立新的全球團隊時所採用的方法，它的最終成果是一部團隊章程，協助團隊成員了解如何運作良好。「方法採用研討會」的名字聽起來花俏（這個會議要叫什麼名稱可以隨你們高興），會議中你和團隊成員們要共同商議如何一起工作，其中最先提到的問題可能是：「我們的工作時間是什麼時候？」

好消息是，擺脫了朝九晚五日復一日的機械化工作時間；但壞消息是，如果上班時間得不到共識，那團隊有可能隨時都在工作，這會導致壓力和倦怠。

你們或許可以找出有創意的解決方法。舉例來說，有個團隊決定他們的主要工作時間是每天十點到三點，這個時間大家隨時可以找到人開會，也會回覆電子郵件和訊息。這看起來像是個短的上班日，不過這只是主要工作時間。

另外，這個團隊也同意，在早上七點到八點之間和晚上八點到十點之間，他們會做需要高度專注力的工作，不要有任何打擾，要等到這兩個時段結束之後，他們才會回覆所有訊息。乍看之下這些時段似乎有點奇怪，不過對主要成員需要照顧家中年幼子女的團隊來說，這個選擇完全合情合理。這些時段保障了他們跟家人相處的必要時間。你的團隊構想出來的解決方案或許會有所不同，但重點是你們對自己的工作和團隊的工作時間達成協議，並且之後能落實遵守。

除此之外，以下是其他可能也需要一併解決的問題。

## 溝通

- 什麼時候可以收發電子郵件、開會、打電話？找出主要工作時段以及團隊成員可以不受打擾的工作時間。
- 如何知道彼此的最新進度？可採用每日的YTH例行討論，亦即：檢討昨日（**Yesterday**）、展望今日（**Today**）和尋求協助（**Help**）？
- 要使用什麼溝通平臺？
- 要在什麼時間、在哪裡工作？
- 開會的規則：六十分鐘還是五十分鐘？如何確認每個人都提出貢獻，可以選擇一半的人在公司、一半的人遠距開會嗎？你也可以用WWW（你做對了什麼：**what went well**）和EBI（換這樣做會更好：**Even before it...**）來檢驗。

最後，要對溝通出來的答案進行些嚴格的測試，例如，在緊急情況下，可以在凌晨三點發電子郵件嗎？或者，真的很緊急的話，我們應該打電話嗎？

## 制定決策

光是這個部分就可能是一個研討會的討論內容。先從幾個關鍵決定開始，通常最好的方式是當著大家的面，利用掛圖讓所有團隊成員一起發想，分別決定誰是其中的RACI。所謂RACI分別是指執行（**responsible**）、負責（**accountable**）、合作（**co-operating**）、消息靈通（**informed**）的四種角色。如果是遠距進行這項會議，要把重點放在團隊決策的基本要素上：

- 我們有哪些基本的／定期的決定？且是我們想著重的？
- 對於每個決定，有哪些人具有決定權（RACI）？
- 對結論進行測試：對於意見分歧我們要如何處理等等。

## 專業發展

- 可以如何支持新進團隊成員（指導、訓練、人脈建立、價值灌輸等等）？

- 如何遠距管理工作績效？
- 如何遠距管理工作量？
- 如何支持生活與工作的平衡，避免過度的壓力？

## 在行動中建立價值觀

作為混合模式的工作團隊，我們最想要服膺的是哪三個價值？不要選超過三個，以便於全力關注它們。遠距工作需要有些特別的價值觀和態度。舉例來說，當遠距工作時，彼此誤解和訊息溝通錯誤的情況更容易發生，因此可能需要處理這個問題的價值觀，例如：尊重、寬容，或是重視專業。

你可以設計符合團隊需要的會議。不可避免地，在第一次會議上你不會問到所有正確的問題，也無法得到所有正確的答案。不要擔心，要做的並不是設計出一個完美的未來團隊，而是要去發掘它。在辦公室裡，這個發現的過程是在臨場、非正式的情境中進行，但在遠距工作的情況下，則有必要建構一套流程。要有心理準備，你無法單靠一次會議就完成這趟發現之旅。要規劃後續的會議，好讓自己能問到更多相關的問題，並重新檢討和修改之前問題的答案。

這個過程，不單單是用理性問題發現理性答案的理性過程，同時也是個感性的過程，因為你得到對於新的互動規則的集體承諾。由於這些規則是由團隊共同發現，而非由你施加給他們，所以團隊照理而言會更努力讓這些規則發揮作用。

# 說服：如何打動人心

經理人在矩陣式組織的扁平世界裡需要影響人——經理人缺乏告訴人們「要」做什麼的權力，他們只能「說服」他們去做事。**經理人實際上就是推銷員**，即使他們沒有推銷產品和服務給客戶，也在推銷構想、優先的任務、變革和解決方法給其他的公司部門。

## 說服的原則

恐懼、貪婪、怠惰、風險也許不是最有提振作用的人類行為指南，不過在管理上，它們發揮的效用準確無誤。你需要透過這四個面向來說服人（參見圖3-3）。人們想要逃避恐懼、想爭取某些東西（貪婪和希望），但也得面對風險和怠惰這兩個障礙。有說服力的人懂得如何有效運用這四個面向。

## 貪婪

貪婪對應的是馬斯洛的成長需求：每個人都需要某個東西，然而一旦到手之後，又會想要更多。一開始，他們可能先想要錢，不過，貪婪要的並不只是錢，還想要其他東西——人們喜歡被認可。它可能簡單如工作做好後得到公開的表揚；或是，具有企圖心的企業人士透過善行和政治捐款，尋

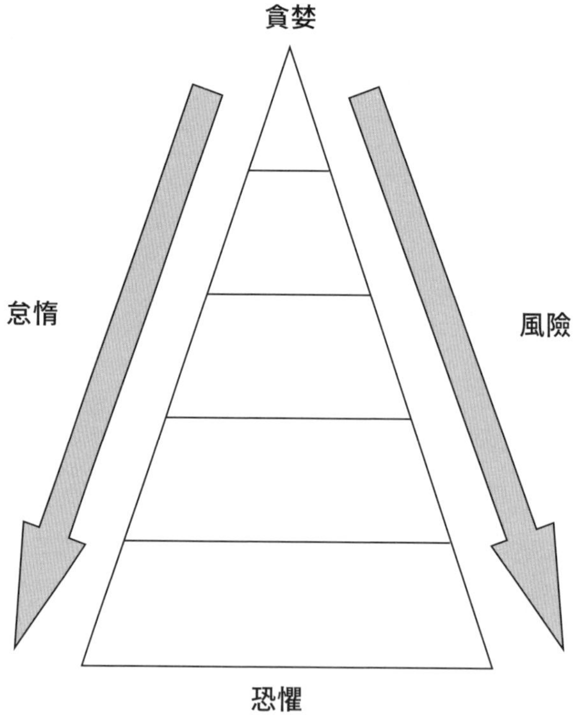


圖 3-3：馬斯洛需求層次理論的簡化版

求政治上的認可和公開的榮譽。有效的管理者必須找出其他人想要什麼。歸根究柢，我們都是需求的成癮者。

在日常管理實務上，貪婪可以轉化為同事的日常期望。他們有必須達成的目標和期限，而他們希望表現出色獲得成功。不管你的想法多麼傑出，如果無助於同事們的工作議程，那恐怕得不到太多熱情回應。你的想法可能自己看起來很棒，但在他們眼中卻像是更多的工作。

> **歸根究柢，我們都是需求的成癮者。**

## 恐懼

恐懼之於貪婪，就像銅板的正反面；它也許是個強而有力的方法，能讓人遵從你的想法。許多情況裡，它的說法很簡單：「假如你不這麼做，後果就是……」當一提到規範、法律、健康、安全方面的疑慮，許多經理人馬上會放棄，因為他們認為不值得冒險讓這類問題出差錯。當失敗的代價十分巨大時，經理人甚至連一丁點的風險都不願輕易嘗試。ＩＴ顧問也常利用恐懼的心態：「假如你不實施我們的昂貴方案，那麼所有關鍵任務的程式都會有風險。」面對這種利用恐懼心理的推銷術，許多資深主管欠缺專業知識或意願去爭論。

恐懼也是相對的。削減成本的計畫通常會增加恐懼，而非減輕恐懼，這也是公司會公開或祕密抗拒的原因。如果要建立對削減成本計畫的支持，資深主管會利用更巨大的恐懼，強調現在不削減成本會有的後果。常見的說法多半是這樣：「如果現在不削減成本，公司可能會破產，我們會全部沒了工作：現在犧牲一些人，總比之後全部完蛋好。」

## 怠惰

我們想做的事很多，但生活忙碌；我們也許想要學西班牙文、想健身、想成為畫家，還想參與社區活動，不過這些事情都需要花心力，在此同時我們有帳單要付、狗要餵，還有熱水器要修理。在工作中，你有很棒的點子，但其他每個人都有其他的問題要處理，諸如：預算、會議、期限、危機。換言之，你的點子只是給龐大清單又添加一個項目。也許有同事喜歡你的想法，但還不至於到停下他們優先要做的事來幫助你完成。

為此，必須想辦法讓人們容易接受你的想法。可以透過反面的情況，向他們說明你的構想為什麼能幫助他們更易於達成目標；也就是說，如果反對你的想法，會浪費他們許多時間，並喪失好機會，這會讓他們難以開口說不。

> **”你必須想辦法讓人們容易接受你的想法。**

### 風險

風險是讓許多想法沉沒的冰山，它往往看不到也說不出口。大多數人的本能會躲避風險，而任何新的想法必不可免會帶有一些風險，例如：可能沒用、可能瓜分其他資源、可能有非預期的後果、可能導致權力結構改變。在任何的會議裡，不妨注意聽，當有任何新想法被提出時會發生什麼事（除非提出這個想法的是老闆）。人們會開始循線提出些熱心幫忙的提問：「你有沒有想過這個或那個……？」這些熱心幫忙的想法會產生的效果，包括：

- 展現提問者專心聆聽且腦筋靈活，因為他或她可以快速找到問題。
- 扼殺想法，因為讓大家都看出它風險有多大。
- 扼殺創意，因為現在大家都了解，提出想法等於邀請人透過智識的質問，當眾進行打擊。

如何避免這種毫無助益的結果？只要在人們提出看似熱心但實際卻毫無幫助的問題，而把焦點全放在風險之前，能先放眼在這個想法的好處和機會上就可以了。

一般來說，風險有三種主要類型：

一、**理性風險**：它將如何影響業務？人們被鼓勵公開討論這個問題，因為企業人士就應該理性。

二、**政治風險：**這個想法對我的部門會有何影響？這個想法會讓我們失去或增加資源、改變優先任務和影響力嗎？

三、**情緒風險：**這個想法對我有什麼影響？工作會更沉重、被邊緣化、必須跟新老闆共事，或需要學習新技能嗎？人們絕不會公開提出這些風險。相對地，他們會提出在理性和業務上更有說服力的反對理由，用以掩飾他們在個人和情緒上的反對立場。

知道自己面對的是什麼類型的風險很重要。很多爭論因為表面上邏輯的問題而益發激烈。這種情形發生時，兩邊會開始擴大戰線，運用邏輯來捍衛自己在政治和情緒上的立場。這時，最好的解決方法就是停止爭論。停止討論，私底下找些時間來提出並解決實際的議題。

就像對付怠惰的方法，反向操作風險也十分有效。一如恐懼，風險也是相對的。如果可以，你應該說明什麼都不做的風險，明顯比進行你提案的風險還要嚴重。避免風險是讓人們遵從的有力方法。保險銷售完全是基於避免風險的想法，好比政府無法說服我們繳納稅金或繫上安全帶，但是它把不照做的風險提高到令多數人不得不遵從。

### 如何影響人們的想法？

一、**建立融洽關係：**找出共同點、共同利益、共同經驗。

二、**整合彼此的議程：**理解他們如何看待世界，他們需要什麼、想要什麼、害怕什麼。設定你的議程以配合他們；不要從自己的議程開始，盲目地強加在他們身上。

三、**聆聽：**愈認真聆聽，就愈能理解他們，也能讓他們更加放鬆。聰明的問題比聰明的想法更有用。

**四、美言誇讚：**誇讚人不會有反效果，畢竟沒有人會自認晉升得太快、被過度看重、薪水領得太多。如果你認可他們內在的天賦、勤奮、個性，他們會嘆服於你的判斷力並做出回報。

**五、逐步建立承諾：**別把他們嚇跑了，不要一次要求做到所有事情。先要求小承諾和局部投入，逐步建立承諾關係。

**六、建立個人的信賴和可信度：**始終要信守承諾。

**七、管理風險：**人們不喜歡風險。排除感知到的風險和個人風險；展示自己可以被信任、會信守承諾。

**八、善用物以稀爲貴的道理：**找出他們想要而你能夠給的東西，讓他們為爭取它而努力工作；他們對它重視的程度會超出你直接送給他們。

**九、一物換一物——互饋原則十分有效：**不要平白送東西給人，這會帶來錯誤的期待。

**十、扮演好角色——合作夥伴原則：**扮演夥伴和對等關係，而不是扮演懇求的角色。你要的是彼此有大人之間的對話，而不是父母對孩子的對話。

## 說服的流程

這套流程，我過去在伯明罕賣紙尿布、推銷創辦新銀行的構想，以及其他不同國家、不同組織裡無數被接受的建議都曾經使用過。這個流程結合了邏輯和情緒上一些讓人易於接受，且難以反對的程序。

這個流程並非原創，而是根據寶僑公司對銷售部門所灌輸的概念。這套流程有個字首縮寫：PASSION（熱情），它分別代表的是：

- 準備（**P**reparation）
- 調準（**A**lignment）
- 設定情況（**S**ituation）
- 估算獎勵規模（**S**ize the prize）
- 構想（**I**dea）
- 克服反對意見（**O**vercome objections）
- 下一步（**N**ext steps）

你可以把 PASSION 原則想像成一連串的交通號誌，要等每一站出現綠燈後，才可以繼續前進，進行下一個部分的對話，不然很可能會撞車。它是個簡單的框架，允許你按照喜歡的方式去運用。換言之，它並不是一份照本宣科的腳本，要求你得像電話中心的接線員一樣遵照指令行動。

## 準備

所謂的準備工作，是指先釐清一些基本問題：

- 我的想法對其他人有什麼好處？
- 從他們觀點來看，風險是什麼？
- 我可以怎樣讓他們較易於同意？
- 他們採用的是什麼樣的工作方式，和他們相處最好的方式是什麼？
- 什麼時間最適宜和他們接觸？
- 我是否已經取得和他們討論所需的所有支持資料？
- 我是否掌握會面時的後勤支援：在哪裡進行？要在何時、用什麼方式到達？

這些問題顯而易見，但很少人會問。為此，當團隊成員來徵詢你關於規劃這類會議的意見時，如果你提出這些問題，應該會顯得天縱英明。問題或許顯而易見，但答案多半並非如此，畢竟它們是關於理解他人的希望、恐懼、需求和願望等複雜概念。然而如果你不能了解，就無法推銷你的想法。

## 調準

這個調準，包括個人和專業兩方面。就個人方面，會希望和我們打交道的人信任和喜歡我們；在專業上，跟支持我們議程、有共同目標的人合作起來會容易許多。

推銷員之間的一個常識是：**你必須先成功推銷自己，才有辦法推銷你的想法**。我們只跟信任的人買東西。另外，也需要確認對方是用正確的思維框架聽你說話，如果他們正因為自家失火而手忙腳亂，應該不會有空想聽你的偉大構想。

假設你們彼此已經非常熟悉，調準的過程可能只需幾秒鐘。在這種情況下，完成以下的步驟，調準就算完成：

- 你們將在彼此方便的時間會面。

- 你已經把會議錨定在核心議題。
- 你已經和對方建立互信和融洽的關係。
- 你展現出對他們的需求和目標的理解。

如何將上述轉換至社交場合呢？只需幾個問題和陳述，例如：

- 「感謝你和我會面。這時間對你還方便嗎？」
- 「你看起來還是一樣忙，」（充當同情的聆聽者，邀請他們先傾訴他們的問題，如此，你馬上會知道，他們是否真的很忙）。
- 「如我們所約定的，我來請教你的建議，關於……」你現在已經錨定了對話，不過你還沒有進入推銷模式，還只是在尋求建議和協助。

假如是第一次會見某人，需要花更多時間來調準，以建立一點默契和信任。你可以透過找出共同興趣、共同認識的人，或共同的專業背景來達成。這類社交閒聊的目的是透過找到共同經驗、價值觀和展望，來建立一點基本的互信。即使是透過線上會面，還是可以透過安排你的視訊背景來發現一些共同的興趣。

利用視訊背景來展示和你個人興趣相關的事物，這會展現出你的人味，並吸引對方來詢問你在背景細心安排的照片、書籍和藝術品。假如你了解對方某個喜好，安排一些令他們感興趣的東西，效果可能會更好。主動自我揭露一些事物，對方也會回饋一些關於自己的事。即使是遠距溝通，還是可以建立默契和融洽關係，儘管它的效果永遠比不上當面交流的好。

## ”愛上自己的想法，會是致命的錯誤。

至於專業上的調準，重點在展示你對對方的目標和議題的理解和支持。這並不容易，其中，愛上自己的想法會是致命的錯誤，人們一旦犯下這種錯誤，就會喋喋不休談論自己的絕妙構想，但這些構想可能和對方毫無關係。與此相對，必須從對方的眼睛去觀看世界——你的構想可以提供他們什麼幫助，或是給他們帶來什麼威脅？有些時候，你事先已知道對方會如何看待你的構想；不過在這個時候，問題往往比陳述更有用。要讓對方談論他們的需求、目標、挑戰和風險。他們談話時，會給予你所有必要資訊，來商定你們要共同解決的問題或機會，而這將是會談的下一階段。

**設定情況：商定問題或機會**

這是大部分遊說行動成敗的關鍵。如果你不知道問題是什麼，就不可能得到正確解答。

> **如果不知道問題是什麼，就不可能得到正確解答。**

就和考試一樣，要緊的是知道正確的問題是什麼。最常見的錯誤是把自己的問題或機會，當成是對方想要去處理的問題或機會。在現實中，他們有很多其他事要擔心煩惱，說不定對他們而言，買狗食可能比處理你的問題還重要。

施展影響力的好辦法並不是從你的想法開始，而是從對方想要的東西開始。你當然可以大力宣傳你又精采、又迫切的好主意，但如果不了解對方的想法，那你可能像是對著一堵牆說話。因此，如果想施展影響力，就要從聆聽開始，而不是從說教開始。

商定問題的目的，是迫使人們關注議題，為議題取得正當性，而所謂的正當性可能包括三方面：

- **理性面**：這是整個組織的重大挑戰，且我們有數據可說明。
- **情感面**：我可以協助你的工作事項和挑戰。
- **政治面**：為了我們的共同老闆，我們必須把這個問題解決。

為了讓問題具有說服力，你必須說明它是重要、迫切，且對方在解決問題時可以發揮作用。你也許很喜歡自己的想法，但這就是可能出錯的部分。我們可能拚命鼓吹自己喜愛的點子，忘了對方也有其他議題和需求。切記，必須透過對方的眼睛來看自己的點子。如果你的構想與他們不相關，就會落得毫無進展。你要知道如何

## 要知道賣點在哪裡：產品vs解決方案

歷史上充斥著失敗的傑出點子。英國科學家克萊夫．辛克萊爾（Clive Sinclair）發展了名為C5的車子，這是全電動的，有希望推動都市運輸的革命，但它終究無法成功，因為它蟲子般的造型讓人們忍不住要訕笑。它的車身太貼近地面，必須在車尾插旗子提醒其他用路人注意它的存在。此外，它只能搭載一個人，同時敞篷式的車身缺乏遮蔽，行駛距離也有限。沒錯，這臺車在技術上很傑出，卻完全無法解決顧客的需求。它迅速消失無蹤，比贊助者資金消失的速度還要快。

將你的構想與對方建立相關性，重新打造你的構想，讓他們看出這個構想很重要、與他們相關，而不只是為了你自己。

對於挑戰的性質有堅實共識之前，甚至不該提出解決方案的建議，而是應當邀他們一起來討論，以聽取並理解他們的觀點。在聆聽的過程中，你可以思考該如何推銷你的想法，讓它正中問題核心，避免對方基於他們的觀點提出反對意見。

不只要確認問題，同時還要確認這是屬於誰的問題。如果你是幫助其他人處理他們的挑戰，而不是解決自己的問題，對方就更有可能為你敞開大門，以及提供可行的日程表。

## 量化獎勵規模：勾勒解決問題的好處

在商場上，用財務數字來說明案例最有信服力。如果某個有可信度和說服力的案子告訴你：「現在投資一千英鎊，可以為明天省下兩千英鎊」，你大概無從反對，但關鍵在於，人們是否「相信」這個說法。換言之，這個說法必須具可信度，而這可以透過嚴謹的分析來達成，更重要的是還要加上可靠的第三方驗證——由財務部門驗證財務數字、行銷部門驗證客戶和市場的假設、營運和ＩＴ部門驗證他們各自的部分。

然而，不是所有好處都是財務方面的。非財務的商業案例有的可以量化（「我們明年會招募更多頂尖畢業生」），有的是質性的（qualitative）（「這對工作士氣很重要」）。

到此時為止，你還不應急著提出你的想法或解決方案。當對方同意了問題以及解決問題的好處之後，那麼唯一該討論的是：「我們實現它的最好方法是什麼？」接下來他們會準備聽取你的點子，這時不管他們喜不喜歡，如今他們所處的立場已不再只是評估你的想法，還必須幫助你找到由問題通向解決方案的路徑。

## 構想

簡單解釋你的構想，切記要盡量簡短，讓他們了解你並不需要他們幫忙做所有的事，只需要在某個關鍵區域的有限度支持。然後很快移動到下一階段。

如果你從一到四的步驟都仔細聆聽，就知道如何透過對方的說法為你的構想設定框架，同時也向他們說明這個構想如何提供他們幫助。你必須在確信自己理解對方、相信他們會同意你的時候，才把構想提出來。

## 克服反對意見

如果你已經做好準備，在討論原本的問題時注意聆聽他們的意見，自然不成問題——你應該很清楚他們擔心的是什麼。不要躲避這些反對意見，把它當成自己可以表現的好機會。如果你現在說：「我認為這個方法有三個真正要擔憂的問題……」然後這些擔憂正好反映對方關切的主要問題，那麼他們馬上會和你站在同一邊。他們不會再拿反對意見來挑戰你，因為你正邀請他們一起合作解決這些問題。如此一來，討論的本質就完全改變了。你的角色已經從煩人的推銷員，搖身一變成了不存私心、可信賴的合作夥伴。

如果他們的反對意見在此時出現，不要像企業內部血腥的壕溝戰一樣，陷入對每個反對意見的鬥爭。你要回到第三步驟，確認雙方對問題有相同看法，對解決問題的好處也意見一致。你需要創造解決問題的氣氛，而不是製造問題的氣氛。

## 下一步

大部分的都人不會通靈，他們不會確切知道你要什麼，所以必須開口詢問他們，否則這將是毫無意義的會面。事實上，他們也期待你發問，不過許多高層主管這時會問不出口，或許可能是礙於身段，不方便詢問下一步要怎麼做。

以下有四個簡單的方法，可以詢問下一步的計畫且讓對方難以拒絕：

一、**直接結尾**：「我們可以購買特殊的小零件嗎？」

二、**替代式結尾**：「我們購買這些小零件應該用大訂單一次購買，還是分批購買？」

三、**假設性結尾**：「那麼，我們同意要買十萬個黃色小零件了，對嗎？」

**四、行動結尾**：「我會提出小零件訂單然後送到你那邊。」

最弱的結尾是直接結尾，因為這讓人容易拒絕；最狡猾且通常最有效的是替代式結尾，因為你沒有給他們拒絕小零件訂單的選項，只是請他們選擇要如何下訂單。假設性結尾是強力的結尾，因為只有足夠強勢的人才有辦法發聲表示反對，特別是在公開會面的場合。

在這個階段，你的準備工作往往十分關鍵。在會議過程中，你可能會發現你的A計畫不可行。如果你有充分準備，自然會有B計畫和C計畫，讓你可以繼續前進，而不至於走入死巷。

最後，讓我們總結PASSION原則：

- **準備**（**P**reparation）：了解你想要什麼以及對方的動機是什麼。
- **調準**（**A**lignment）：建立互信和默契，確認對方準備談話。
- **設定情況**（**S**ituation）：確認雙方對問題、機會或考題的意見一致。
- **量化獎勵規模**（**S**ize the prize）：共同商定解決雙方問題的好處。
- **構想**（**I**dea）：用對方的語言提出你的構想。
- **克服反對意見**（**O**vercome objections）：不與對方爭論，同意意見並聯手解決問題。
- **下一步**（**N**ext steps）：清楚說明接下來會發生的事，準備好B計畫。

# 關於說服的兩個祕訣

## 祕訣一：聆聽

所有偉大的說客和推銷員都有個共同特色：他們有兩隻耳朵一張嘴。如果你也是，就已經快要具備說服人的好本領了。好的影響者和領導者不只有兩隻耳朵一張嘴，他們還按照這個數量比例運用這兩種器官。說服並不只是推銷和說教，更重要是擅長聆聽。多聽少說，你就已經踏上成功之路。

> 多聽少說，你就已經踏上成功之路。

## 祕訣二：夥伴關係

老闆和客戶習慣扮演法官，總是評判出現在眼前的各種想法，然而這並不是有建設性的關係。這種情況像是原告為了打動法官，利用一堆 PowerPoint 投影片和備忘錄說明自己的案子，而法官則會挑出簡報的漏洞以證明自己的聰明，並判定要支持或反對原告。

比較好的辦法，是把老闆或客戶當成夥伴和教練看待，讓對方了解你是來協助解決他們的問題或提供他們機會，而不只是要推動自己的議程。

把 PowerPoint 都丟掉吧！PowerPoint 是新進職員和推銷員才需要配戴的恥辱標記。同事之間的對話不用搭配一疊投影片，只需搭配一杯咖啡。你見過高峰會上各國領袖用一疊投影片彼此交談嗎？拋棄投影片可以讓你：

- 避免被限制在投影片的順序邏輯。
- 可以靈活回應同事的話題。
- 創造出類似同儕之間聆聽和討論的情境，而不是像個做報告的原告。
- 迫使你根據你希望的討論邏輯和情緒走向，預先做出適切的準備。
- 避免陷入關於細節和數據的爭論。

不用擔心數據問題，只要在腦中先掌握幾個最關鍵的事實即可。你可以承諾日後再補充相關的細節就可以了。

如果你善於聆聽，甚至可以令對方相信，這重大的點子是他們自己想出來的。你要強調他們談話中有用的內容，忽略無幫助的東西。若無必要，不需和對方爭論。盡可能建立共識，在雙方有足夠共識之後，重新總結他們的說法並感謝他們提供的洞見。你的想法現在成了他們的想法，你也把事情搞定了，畢竟沒有人會反對自己的想法。

## 指導：不再是訓練

大部分的運動都有選手和教練。選手比賽，教練指導，很少見到教練親自下場比賽或選手負責指導。兩者的身分差異頗大，最佳選手很少會變成最佳教練；最佳教練的出身，多半是不怎麼出色的替補選手。

在管理上，情況不是這麼涇渭分明，但這也造成一些遺憾的結果。好的選手（IT專家、業務員、或交易員）會得到晉升，而他們的自然反應就是要繼續好好比賽。比賽是他們獲得晉升的原因，為此似乎沒有必要改變自己的勝利方程式。然而方程式要勝利，原先的條件必須維持不變，但晉升卻讓既定條件徹底改變。

甫獲晉升的選手自然想接下所有最有挑戰的任務，但這恰恰是錯誤的做法。教練的角色並不是要承擔球隊所有防守和得分的工作，而是幫助隊伍達成這些事，激發每個成員最好的表現，並有效地組織團隊。教練愈是想扮演最好的選手，團隊就會愈想要依賴，依賴教練去完成所有工作；教練則認為，這說明了團隊實力很弱，只好加倍辛苦工作，以彌補團隊的不足。然而這個教練愈是努力，達到的成果就愈不理想，而團隊也益發依賴。最後的結果是大爆炸，教練不是被撤換、就是心力交瘁被迫放棄。

**新進經理人最困難的一課，就是學會從比賽選手變成負責指導的場邊教練。**指導的重要性在於：

- 幫助團隊成員開發他們的能力。
- 減輕你和團隊成員的工作負擔。
- 讓你能夠專注在該做的事，而不是整天忙著救火。

指導就和說服一樣，重點在於聆聽和提出適切的好問題。這說起來容易，做起來難。當團隊成員找你提供建議，你的本能反應會想要直接告訴他們答案，然而一旦這麼做，你又成了選手，如此一來團隊成員除了學會更加依賴之外，什麼都沒學到。短期來看，直接提供答案省時省事，卻製造出有依賴性的團隊，不斷榨乾管理者的所有時間和精力。反之，若協助成員自己去找到答案，會發現他們找的答案，說不定比你原先設想的還要好。至少，他們會更有參與感，覺得自己參與其中，共同找出解決方案，而不是由你強加在他們身上。

關於指導，有好幾種可採用的模式。基本上，它們大致都有同樣的五步驟過程。為了便於記憶，我們把這五步驟稱為五個O：

一、目標（Objectives）
二、概觀全局（Overview）
三、選項（Options）
四、障礙（Obstacles）
五、結果（Outcome）

在每個階段，知道正確的問題都比得到正確的答案更重要。教練提供的是不同觀點，這和訓練的概念有根本上的不同。所謂的訓練，是由訓練員做出指示，告訴人們進行某件事的確切方式，教練則不會告訴人們要做什麼。教練的工作是幫助每個人去發現怎樣做對他們自己有效果。訓練員透過說明，教練透過詢問；訓練員有一套執行的方法，教練則可以從不同角度觀看事情。大多數經理人一開始的預設，多半是採用比較保險的訓練模式：「按照我的方式來做。」短期而言，這樣的確比較保險，但卻不能幫助每位團隊成員發揮出自己最大的潛力。

## 目標

第一步是理解我們要解決的問題，這和前面所提的說服模式有同樣的邏輯：

- 今天要著重、達成、檢討的問題是什麼？

## 概觀全局

下一個步驟是在形成觀點或做出判斷前，先蒐集所有的事實。這需要一點溫和的試探，你可以鼓勵對方做不同觀點的討論。不要被限制在你所指導對象的世界觀，必須幫助他們從更廣闊的觀點來看待事物：

- 它對你為何重要？
- 目前的情況如何？
- 其他人如何看待這個問題？
- 你如何得知他們會怎樣看待？
- 它帶來好的和壞的可能後果是什麼？

在指導團隊成員如何處理難纏的同事時，這一點尤其重要，實際上這也是個很常見的問題。團隊成員會極力宣稱自己是百分之百的好人，同事則是個壞蛋，但其實人生很少如此簡單分明。所以，要鼓勵團隊成員透過同事的眼光來看待事情，其結果，通常會有一套截然不同的說法因此浮現。不同的說法，必然會導向不同的解決方法。

你應該在這個階段的談話投入大量心力。唯有正確了解情況，才有辦法發現正確的解決方法。在你和對方都充分理解情況之前，先別急著進入下一個階段（探索選項）。這就和進行說服的對話一樣，在還沒找出對方看待問題的方式之前，你沒有辦法找出解決的方法。

## 選項

在這階段，要交由他們負責和控制。即使你自認心中已經有解答，也不要先告訴他們答案，讓他們自己去發現適合的答案。

> **讓他們自己去發現適合的答案。**

鼓勵他們不只思考一個選項。面對很困難的情況時，可能很多事都非他們所能掌控，所以要敦促他們找到一些可掌控的事。當人們覺得命運操之在己，焦慮感便會減輕。接著，讓他們評估他們自己設想出來的選項：

- 你有哪些選擇？
- 你能控制或影響的事情是什麼？
- 你是否看過其他人面對類似的情況？他們怎麼做？
- 你如何評估每一個選項的好處、風險和後果？

隨著評估每個選項，他們會自然而然傾向某個解決方案。如果有疑問，要支持他們的解決方案，而不是你自己的，記住，你希望他們主動參與。為了讓他們自己的構想奏效，他們會努力投入。如果把你的解決方案強加給他們，他們會反過來，努力證明它不管用。

## 障礙

這階段是事實查核。請問問對方幾個簡單問題：

- 阻止你不去做的因素是什麼？

• 你需要那些支援？
• 你看到了哪些障礙？

如果沒有事先問這些問題，他們在開始碰到阻礙時可能就會想要放棄。反之，要是先預測會有這些挑戰，他們就較有心理準備，能夠繼續往前進。

## 結果

最後，要檢查確認彼此的認知。在此最大的風險是雙方都覺得滿意又自信，但對接續的行動卻有不同的理解。不要直接問他們是否理解，回答一個含糊的「懂了」多半代表「還不是很清楚」。檢查意見是否一致的最好方式，是詢問他們接下來會有什麼情況。照理說他們的說法應該一如你的預期；萬一有出入，就要儘早發現彼此的誤解以免發生災難。

現在，你應該已經發現，說服和指導涵蓋某些相似的重點：

- 聆聽比談話更重要。
- 問題和答案一樣重要。
- 提供答案之前要先理解問題。

也許這些道理顯而易見，而之所以把它詳列出來的理由在於，很少有經理人會一以貫之地遵循這些原則。因此，只要遵照這些原則，立刻就能讓你的表現超群絕倫。

# 授權：做得愈少就做得愈好

許多經理人覺得委派任務不容易，他們常見的托詞包括：

- 這事情太重要，不能委派給他人。
- 事情太緊急了，我需要自己來。
- 團隊還不夠強；他們還沒準備好承擔任務。
- 只有我具備做這件事的技能。
- 團隊本身已經有太多工作要做。
- 我不能冒險讓團隊把這件事情搞砸。

上述這些藉口，總歸說來就是對團隊缺乏信任，以及經理人過度膨脹了自己的獨特技能，這都會導致經理人工作過度，以及團隊對於經理人變得過度依賴。**唯有透過授權和信任，團隊才會得到成長。**

委派和指導需要攜手並進，此二者確保經理人達成管理的核心任務：讓其他人去把事情做好。事實上，委派任務的流程十分簡單。

## 確定哪些工作可以委派

事實上，幾乎很少有不能委派的工作。除了評鑑、晉升、獎懲紀律、資源分配、和團隊組合是管理者的職責，其他所有工作應當都是可委派的。然而，許多經理人的假設卻恰好相反，他們把委派工作出去當成特例，而非常規。你委派的工作應當要包括一些例行的行政作業和維修活動，再搭配些較具挑戰性和吸引力的提案。

## 了解團隊的能力

仔細想想誰最適合什麼任務。在他們現有能力，以及他們藉著任務學習和成長的能力之間求取平衡。假如他們準備程度已達六十％，那就放手信任他們。也許這會讓你神經緊張，因為他們覺得困難的東西在你眼中非常簡單，但這是他們學習的最好方法。一旦他們學會了，就會成為團隊裡更有生產力、更有價值的成員。另外，要注意團隊裡任務分配的均衡。由於管理本身模糊、容易出現歧義的本質，要事先估算工作量大小並不容易。在實務上，你會知道哪些團隊成員喜歡打混摸魚，誰又是對工作負擔從不抱怨的好漢。

## 設定清楚目標

向團隊成員簡報時，對以下四件事必須清楚確定：

一、預期的結果。
二、成果必須達成的時間。
三、所設目標背後的原因。
四、中期目標，藉以讓彼此了解進度是否在軌道上。

## 不善於委派的結果

大衛是來自地獄的經理人——他真心相信自己善於授權，因為他委派很多的工作，但實際上，他只是把所有垃圾工作都分派出去。這些無益的工作，包括：誰來做都一樣的例行公事，以及被認定是燙手山芋的專案計畫。它們拖延得太遲或是搞得一團糟，不只已注定無望，接手的人還可能因此職涯受到重挫。這位經理人基本上把所有罪責都派發出去。這是他擅長的事。

真正讓團隊無所適從的，是他下達的指示含糊不清，團隊一旦無法正確解讀心意和提供他的需要時，他又馬上會大呼小叫。由於指示含糊不清，所以他經常改變心意，導致團隊為了修改計畫陷入無止境的熬夜加班，備感挫折。

由於他從未真正信任團隊，因此會不停詢問最新進度。花在回報狀況的時間要比真正工作的時間還要多。缺乏信任腐蝕了團隊的士氣，也浪費了團隊的時間。假如偶爾用這套方法產生一些好結果，大衛會急著向所有人宣揚他的功勞。至於失誤挫敗，要怪罪的自然是他能力不足的團隊，而這套說法最終成了自我實現的預言：所有優秀的人都跑去其他主管、其他部門或其他公司工作。留在他身邊的是能力最弱的成員，而這更加強化了他的信念——認定沒有人能夠信任委以任務。悲慘的惡性循環只能等大衛離開公司才得以打破。

當團隊理解你提出要求的原因時，一旦出現問題和挑戰，他們就比較容易做出回應，而不致又回頭向你求助。

## 討論流程

目標要清晰，但對於達成的手段必須有彈性。如此一來，討論就變成對幾個關鍵主題的協商：

- 團隊可獲得的資源（人力、技能、預算）有多少？
- 團隊擁有的決策權有多大？

• 多久需要做一次報告？
• 可採用的最好方式是什麼？
• 其他還有哪些人需要一起參與？
• 經理人可以如何協助移除障礙，處理政治的問題？

**❞ 目標要清晰，但對於達成的手段必須有彈性。**

這可能不只是一次的對話。這個步驟有一部分的目的是建立成功的團隊。同樣地，「討論」會讓團隊感覺自己對於流程具有所有權，甚至可以構想出你原本不曾想過的一套處理任務的明智辦法。

然而，在此可能出現的問題是淪於空洞。若有團隊成員說：「我希望……我會嘗試……我會研究一下……」，他所做的就是空洞的承諾，不具任何意義，如此誤解必然隨之而來。你必須清楚預定在什麼時候、由誰來、做什麼事。別問團隊是否明白，因為他們的回答必然為「是」，即使他們明明沒弄清楚。請他們在最後總結會由誰、在什麼時候、做什麼事，如此一來，誤會就能立刻釐清，不至於事後追悔。

## 後續追蹤

經理人委派任務，但並不是拋棄責任，換言之，你仍要為最後的結果負責。後續工作的三個重要元素包括：

一、隨時提供必要的指導。

二、按照與團隊在任務開始時討論的方式，對進度進行正式與非正式的查核。

三、在完成任務之後表彰團隊的貢獻和成果。

有些經理人在團隊最終取得成果時，會企圖獨占勝利光環，但這會影響團隊的士氣，也無助於經理人。經理人如能展示自己有能力建立並管理良好的團隊，要比假裝全憑個人唱獨角戲完成辛苦任務，更能得到老闆的好印象。

## 如何委派工作：誰來做、做什麼、如何做、何時做、為什麼

**一、明確說明期望的結果（做什麼）**：整體目標和期望結果必須非常清楚；詳細說明想要的是什麼；詢問團隊成員，以確認他們理解你的要求。

**二、盡可能委派所有事情（做什麼）**：清楚說明你的角色會如何增加價值，例如，你會建立團隊並提供支持，還可能自己負責一、兩個專案項目；至於其他工作都應該委派出去。

**三、委派有趣且具挑戰性的工作（做什麼）**：磨練團隊讓他們得以發展；信任他們會成長和達成任務。不要委派無聊的例行公事，也不要自己獨占所有有趣的工作。

**四、絕對不要推脫卸責（做什麼）**：永遠必須為團隊的結果負責；如果事情出了差錯，要挺身保護團隊不受責難。充分授權並提供團隊支持和協助。

**五、委派給適合的人（誰來做）**：你可以橫向委派任務給你的同儕，和向上委派任務給你的長官。不要做凡事都自己來的獨行俠；領導是個團隊運動，因此需要在適當時候，從適當的人身上，得到適當的協助。

**六、注意負擔過重和逃避職責的人（誰來做）**：注意觀察壓力的跡象，比如：易怒、生病、失誤、疲憊。隨時準備調整工作量，並把逃避工作和推卸職責的人移出團隊。

**七、最後期限、里程碑和報告務必明確（何時做）**：不要過度監管，這表示缺乏信任。嘗試「走開式管理」，不過在明確期限內要有清楚可交付的成果，以避免造成不快的突發狀況，並及早採取修正的行動。

**八、對做法保持靈活彈性（如何做）**：不要規定工作的具體做法，由團隊自行決定，他們或許可以找出比你預想還要好的方法。

**九、授權和支持團隊（如何做）**：為團隊創造成功條件；確認他們有需要的一切；不要讓他們有後悔的藉口。查看並詢問他們需要什麼，以及預期會有什麼障礙。

**十、清楚說明爲什麼目標有相關性（爲什麼）**：解釋相關背景，讓團隊了解何者重要、該關注的重點是什麼。展示任務的重要性、價值和相關性，好讓他們全心投入。

## 處理衝突：從FEAR到EAR

衝突是多數組織的自然狀態，但最激烈的衝突並非來自與競爭對手的衝突。大多數經理人在日常作業中多半看不出這類衝突——人資、ＩＴ和營運部門職員專注處理職能相關的挑戰，無暇擔心市場上的競爭。真正的競爭不是來自外部，而是內部。**大部分經理人的最大威脅不是競爭的公司——最大的競爭對手，是坐在座位附近的其他經理人。**外部的競爭者不會阻礙你的議程、刪減你的預算，或是奪走你想要的晉升機會，但是你的同事會。

在運作良好的組織裡，這種衝突是健康的。衝突是組織中決定資源和優先事項的「爭奪戰」。公司管理的時間、金錢、資源、人才有限；可能的晉升、分紅、加薪額度各有其限制。每個部門、職能和事業單位對於有限資源該如何分配都有不同的觀點。組織內部經理人之間的競爭和衝突，自然難以避免。

衝突可能是有建設性的，它迫使經理人必須展現他們有最好的方法來運用組織裡有限的資源。然而有些情況下，這類競爭性的衝突會造成公司功能失調；失調的衝突有兩種類型：冷戰和熱戰。

冷戰基本上是政治議題，且是管理工作裡必然存在的事實；熱戰往往是情緒化的，在瞬間就會被點燃，雙方都不可能體面地收手。不過這裡有關乎存活的問題：處理得不好，就會成為組織裡損壞的瑕疵品。

## 原則一：知道選擇打什麼樣的仗

中國先秦哲學家孫子，在大約兩千三百五十年前寫了《孫子兵法》。他最實用的洞見或許是知道何時該戰鬥，他提出了作戰的三個準則：

一、**非利不動（唯有值得的獎勵才開戰）**：大部分的公司會為了小事而開戰，然而，你應該為了大戰，節省彈藥和個人信用度。對於小事，往往透過利益交換更容易得手——在某處讓步，以利於在他處獲得回報。

二、**非得不用（唯有在知道可取勝時才開戰）**：在華爾街流傳的俗話說：「如果你不知道誰該倒楣，那倒楣的就是你。」你最不會希望的是正大光明的決鬥——你想要一場完全不公平的戰鬥，好確保自己能獲勝。這不只是讓自己擁有最好的論證依據，同時還要讓組織中的所有同盟都做好準備。

三、**非危不戰（唯有為達成目標已別無他法時才開戰）**：敵人對你的職業生涯沒有好處。想辦法收編人們到你的議程；與他們的目標進行協調；透過中間人斡旋協議；和他們進行利益、時機、優先任務，或資源交換。借用普魯士軍事哲學家克勞塞維茲（Clausewitz）的話：「外交是透過其他手段延續戰爭。」換言之，外交是用不流血的方式來達成目標。

切記，當這三個條件「同時」具備時才值得一戰，不過一旦開戰，就要全力以赴。要記住第二次伊拉克戰爭時，英軍柯林斯上校（Tim Collins）送部隊上戰場時所說的話：「如果你戰鬥中兇猛異常，別忘了戰勝後要寬宏大量。」你不只要贏得戰爭，也要贏得和平。

## 原則二：從 FEAR 到 EAR

人類的本能往往會壓倒理智，特別是在緊張和衝突時刻。在強烈恐懼刺激下，我們的自然反應無非選擇「戰或逃」（flight or fight）。然而，當處在公司的情境之下，這些本能可說是毫無助益。一遇到挑戰，馬上逃走或是直接和執行長對抗，恐怕都是限制職涯發展的動作。為此，需要找出方法來管理我們的情緒。

所謂 FEAR（恐懼）本能，包括：

- 猛烈的對抗（**F**ight furiously）
- 在情緒上與敵人交鋒（**E**ngage enemy emotionally）
- 與所有人爭辯（**A**rgue against all-comers）
- 報復，拒絕理由（**R**etaliate, refuse reason）

和「戰或逃」的本能一樣，FEAR 的反應無濟於事。當然，用這些反應跟你的雇主說再見，或許會令人難忘。要壓抑 FEAR 反應的第一步，就是先認識它。一旦認知 FEAR，就可以開始控制它。在訓練課程中，我們會詢問經理人如何處理

FEAR反應。其中，處理個人壓力比較獨特的方式包括：

- 化身為停在牆上的蒼蠅：從這個抽離位置觀察自己，以決定最佳行動步驟。
- 想像你最欣賞的人遇到這個情況時會怎麼做，自己也試試看。
- 把對方想像成是從嬰兒車丟出玩具的嬰兒；你很難對生氣的嬰兒發脾氣。
- 想像對方穿著芭蕾舞裙；跟身穿芭蕾舞裙的五十歲中年人生氣很不容易。
- 專注呼吸；緩慢地深呼吸，重新控制身體和情緒。
- 回答前先數到十，給自己時間思考，停止激化討論，等待對方怒氣自然消散。
- 回想快樂的事。每個人腦中都有一個安全、穩當的地方，先回到那裡重新思考，再繼續行動。

上述這些技巧，都有助達成三大基本目的：

一、重新掌控自己情緒。

二、換取更多時間思考。

三、讓風暴自然消散。

## ”要壓抑 FEAR 反應的第一步，就是先認識它。

憤怒要持續超過兩分鐘非常不容易，即便這兩分鐘有如一世紀那般漫長。唯一讓憤怒持續的方法，就是在旁邊添加柴火。停止煽動，生氣的人很快就會消散怒氣。至於會助長怒火的做法，包括：

- 與對方有情緒化的衝突。
- 一味捍衛自身立場的正當性，導致對方更加激烈爭辯你的錯誤之處。
- 用肢體語言表達你的憤怒、不滿和輕蔑。

贏得一個朋友，要比贏得一場辯論更好。爭取到朋友，是在爭論中獲勝的最佳方法。比起敵人，朋友更可能聽從理智和做出妥協。一個簡單的做法是把 FEAR 裡的F移走，剩下來的 EAR，就是你應該運用的：透過「聆聽」來取得協議，要遠比說教和說服更加有效。

所謂的 EAR（聆聽）代表的是：

- 理解對方的感受（**E**mpathise）
- 對問題達成共識（**A**gree the problem）
- 解決前進的方式（**R**esolve the way forward）

**❞聆聽是一套神奇方法，能讓買家說動自己同意交易、讓戀人說動自己上床。**

## 理解對方的感受

有些人似乎天生具有同理心，有些人則需要學習這項技能。幸好這是很容易學習的事，你不必成為合格的心理醫生、神經語言學程式專家，或報章雜誌提供心理諮詢的專欄作家，一樣也能具有同理心。以下三個簡單方法，可以讓你在和同事打交道時更能理解對方的感受：

一、**停止說教**：你應該讓他們聽聽最合理又圓滿的聲音，也就是他們自己的聲音。不用覺得自己需要去填補沉默空檔，讓他們用自己的智慧來填補沉默。聆聽是一套神奇方法，能讓對手說動自己俯首稱臣、讓買家說動自己同意交易、讓戀人說動自己上床。

二、**主動聆聽**：展示你努力聆聽的一個方式，是用自己的話語重新轉述你聽到的說法。不要重複對方的話語，這會顯得太過造作，而是要展示你已把他們的說法吸收進去，並做了一番詮釋。如果詮釋錯誤，對方會馬上告訴你，也因此能避免誤解；如果詮釋正確，他們會讚嘆你將他們的智慧之言聽得如此清楚。

三、**運用開放式提問**：開放式提問鼓勵人們說得更多。與此相對，封閉式問題容易得出「是」或「否」的答案，這會封殺了對話，且萬一對方回答「否」，還有造成衝突對立的可能。開放式問題通常是以「什麼」、「如何」或「為什麼」開頭，這些提問比較難用是或否來回答。

## 對問題達成共識

許多衝突源於不同的議程和優先事項，比如：財務部門著重成本控制，行銷部門專注創造收入，以致結果可能是雞同鴨講。如果問題依舊是減少成本和增加營收之爭，那麼就不可能有理性的討論，因此兩邊應該就看待挑戰的方式找出共識。在現實中，行銷部門和財務部門都應該希望增加公司的獲利。一旦雙方同意面對共同的挑戰，他們就可以同意攜手前進的道路——行銷的投資必須展示給股東們足夠的回報。雖然仍然會有很多的討論和爭議，但至少雙方朝著相同目標一起努力，而不再是各說各話。

這一點實在太過顯而易見以至於經常被忽略。把「你輸我贏」（win／lose）的衝突本質轉化成「雙贏」（win／win）的合作，是一套美妙的技藝。壓低成本和提高收入，原本是你輸我贏的爭論；提高獲利，則變成彼此雙贏的論證。

## 解決前進的方式

只有在雙方克服了激烈爭辯的情緒問題、對共同問題有了共識之後，才能進入這個階段的理性討論。實際上，這通常是討論中最容易的部分。如果你們共同努力尋找解決方案，通常都會成功；反之，如果你們站在對立面彼此爭執，則會發現進展困難。在這個階段，應該是在情緒和政治基礎穩定的情況下所進行的理性討論。關於理性的討論，在第二章「解決問題：囚牢和框架，以及工具」中，已有詳細介紹。

現在，你可能已經注意到IQ、EQ和PQ再次出現了。解決激烈衝突的EAR過程，把這三個核心管理技能又兜在了一起：

一、EQ：同理心，化解當下的火爆情緒。
二、PQ：共同確定問題，協調一致的議程。
三、IQ：解決問題，共同決定前進的方向。

最重要的是，要按照EQ、PQ和IQ的順序來部署，亦即：先處理情感，最後再考慮邏輯。許多經理人從IQ開始，最後進入了無休止的邏輯爭論循環。與此相對，先處理人的問題，問題自然而然就會解決了。

## 管好心態：管理思維

我們的行動方式，由我們的思考方式所定義，所以，如果真想改變行為，就必須改變想法。乍聽之下，這個說法有點令人生畏，似乎得要找收費昂貴的諮商心理師長期接受診療。雖然我們不介意你這樣做，但並沒有這種必要。**你不需要改變原來的你，只需要做最好的自己**，這樣的展望較有吸引力——用你的強項來打造自己，讓所有（非常次要的）弱點逐漸消除。

過去八年來，我領導的原創研究顯示，最佳經理人都有相同的心態，而這個結果有跨產業和跨地理區域的一致性。以下是管理者要具備的七種思維：

一、**抱負遠大**：追求最好，超越自己。

二、**勇氣**：敢於應付難題，超越自己的舒適圈。

三、**韌性**：擁抱逆境。

四、**負責任**：永遠是主宰者，而非受害者。

五、**正面積極**：相信更好的未來。

六、**協調合作**：透過他人進行工作。

七、**學習**：專業和個人層面不斷成長。

看過這份清單，按理來說你應當會認定自己具備這七種思維。如果情況順利，應該人人都能做到。然而差別在於，最佳經理人不論順境逆境，始終保持這樣的心態，且把它們都推展到極致。以下是這些研究結果所發現的好消息：

- 任何人都學得會這些思維，並因此變得更好。
- 思維對技能有加乘效果。運用正確的思維，可幫助你把其他EQ技能執行得更好。
- 沒有人可以看到思維，所以它是幫助你勝過同儕競爭對手的隱性優勢，他們無從得知也無法仿效。
- 不需要熟練掌握每個思維或達到完善，在其中一、兩項稍做改善就會有出眾的表現。就和從事運動或玩樂器一樣，少量練習就可維持進步。

接著，我們會簡單說明每個思維的意義，以及如何打造個人思維的方法。

## 抱負遠大：追求最好，超越自己

好的經理人務實且專注。他們會：

- 改善工作表現。
- 處理當下的問題。
- 專注於他們能做到的事。

上述這些並沒有錯，不過最佳的經理人和領導者有不同的想法。以下表格詳細說明兩者的差別。

其中關鍵的區別是最佳領導者從何處開始。他們並不是按照淺顯務實的規矩，以今天為出發點，而是

| 好的經理人思維 | 最佳領導者思維 |
|---|---|
| 改善工作表現。 | 尋求改變，勇於與衆不同。 |
| 處理當下的問題：<br>從頭開始。 | 專注在打造未來的美好事物：<br>以終爲始。 |
| 專注於他們能做到的事。 | 專注於完成任務所必須做的事。 |

從未來完美的願景開始設想。他們會先設想要打造什麼東西，再倒推回來做事，這表示他們不會受限於究竟自己能否辦得到的想法。相反地，他們會先設想該做的是什麼，然後找出方法把它實現。有個關於愛爾蘭旅人的老故事，他問旁人都柏林該往哪裡走，結果人們回答他：「如我要去那兒，我不會從這裡開始。」**許多經理人受限於他們出發的地點，而沒有把重點放在他們需要到達的目標。**

## 勇氣：敢於應付難題，超越自己的舒適圈

光有勇於夢想還不夠，還必須敢於行動，否則你的美好未來會是一場白日夢。當然，你不用像古代君王一樣英勇率領部隊衝鋒陷陣，而是需要不同類型的勇氣。事實上，當領袖說勇氣時，他們指的是：

- 針對工作期望和績效進行困難對話。
- 做出關於成本和團隊的困難決定。
- 在危機中挺身而出，不退縮。

- 對於挫敗承擔起責任。
- 勇於挑戰現狀，而不是接受現狀。

阻力最小的路徑是容易的路徑，但如果選擇了簡單好走的路，你永遠爬不上高山、你永遠徘徊在管理的山腳下。要具備勇氣並不需要瘋狂冒險，只要持續把自己稍微推出舒適圈，一步一步打造對風險的容忍度和風險意識。隨著舒適圈的擴大，你能承受的風險也會逐漸擴大。最終，你將能做到別人眼中非常勇敢的事，但對你來說這些不過近乎本能而已。

## 韌性：擁抱逆境

勇氣的重點在於承擔風險，但不是每次冒險都會成功。按照定義，有些冒險必定讓你失望。用英國詩人威廉．布萊克（William Blake）的話說：「除非你知道什麼是過多，否則你永遠無法知道怎樣算足夠。」（You never know what is enough unless you know what is more than enough.）風險意味著把自己推到極致，直到你發現怎樣算超過了足夠。

一般來說，管理者需要打造兩種類型的韌性：短期韌性與長期韌性。

短期韌性，是指從挫敗中迅速反彈的能力。最好的領導者似乎字典裡沒有失敗這個字；他們或許會提到一時的挫敗，但這只不過表示他們還沒成功而已……，並在心裡默想著「我只是還沒成功而已」。這可以讓你對挫敗做出正確的短期回應，也就是：

- 專注於未來。
- 展開行動。
- 借助每一次的挫敗來學習並變得更強大。

至於長期韌性，指的是在四十或五十年的職業生涯中維繫你的精力和熱情。基本上這需要兩件事：

- **樂在工作：**唯有樂在其中，才會卓然出眾。樂在其中並不代表好玩，它的意思是你沉浸在自己所做的事而忘了時間。如果每天的每個小時都顯得無比漫長，你恐怕沒有樂在你的工作。唯有當你享受你的工作，才會有精神力量多走一里路讓目標實現。

- **有意義的使命或目標：**回想一下，千百年來，無數的聖徒和烈士可以為他們信仰的事物，奮鬥到什麼樣的程度。假如你的目標只是要達成明年某個重要的績效指標，應該不至於有辦法像聖徒那般奮鬥努力。你的使命愈大，投入的心力也會愈大。

## 負責任：永遠是主宰者，而非受害者

負責任的思維，其重要性不辯自明，不過最佳領導者的負責任方式，和大部分管理者心目中對責任的想法並不一樣。可以從三個方面看出負責方式的差別：在成功時、面對失敗時，以及在情緒上。

- **成功：**很少有管理者不喜歡表彰自己的功勞。大家都需要宣揚成就，這也就表示在成功時，要宣揚自己的功績。不過最佳領導者會做意想不到的事：他們不獨攬功勞，反倒慷慨地歸功給大家。他們會確認每位做出貢獻的人都得到認可。這樣做有兩個目的。第一，有助於建立忠誠的團隊和人脈；互惠回饋是人的天性，你會發現自己的慷慨有豐富的回報。第二，藉著給予他人讚美，你讓自己成了成功的核心人物。你的功勞不但沒有被別人搶占，分享功勞反而成了宣揚自己成功的有效方法。

- **失敗：**沒有人喜歡承擔公司裡出包傻瓜的罵名，所以，當你站出來接受挫敗的責任，全公司的人都會輕輕鬆一口氣；公司不需要再抓戰犯，可以專注思考如何從挫敗中重新站起來，而你可以把災難轉化成一場勝利。在進行評估工作時，大部分的老闆會認可你的好表現。另外，出錯的時候，老闆們對明白問題所在的團隊成員，會比對一味否認的團隊成員更加仁慈——了解問題的所在，代表你能夠從中學習並做出改善。
- **情緒：**為自己的情緒問題負責，對經理人而言是最困難的一課。想像一下，假設你在公司裡諸事不順，這時有同事想來刺激你一番，他想必會清楚知道怎樣讓你生氣。你當然有權利覺得忿忿不平，不過，沒人規定你要發怒，你可以自己選擇如何感受以及要做出什麼反應。身為經理人，不會有人記得你做了什麼事，但會記得你是如何待人、是什麼樣的人。一旦了解這一點，對於該如何反應，應該就可以做出知情的選擇。務必好好做出選擇。

## 正面積極：相信更好的未來

要有積極的態度，並不是從練習說「祝你有美好的一天」的訓練課程中學來。正面積極的態度發自於內心。根據正向心理學（positive psychology）的研究顯示，對未來展望態度愈正面的人明顯會愈長壽，且活得更好。

> ”對未來展望態度愈正面的人明顯會愈長壽，且活得更好。

同時研究也顯示，態度正面的銷售員其工作績效，幾乎是其他人的兩倍。對經理人而言，所謂積極正面，有幾個老生常談的準則：

- 專注於未來，而非過去，這意味著要展開行動而非分析。
- 專注在能夠做的事，而不是做不到的事。不要去擔心非自己能夠控制的事。
- 找機會多給予讚美，而非批評。
- 要找尋機會，而不是找尋問題。在評估一個想法的缺失之前，要先想它好的一面。最偉大和最美好的想法，往往也有最大的缺陷，所以在還不理解這個想法有多少好處之前，先別急著扼殺它。

你可以做一個簡單但危險的練習。回想一下，你今天經歷的各種挫敗，不論是沒趕上的紅綠燈或惱人的電子郵件，你可能很快就會覺得今天真是令人鬱悶。現在，再回想一下今天發生在你身上的所有好事，先從睡了舒服的一覺醒來，享受了乾淨的冷熱水開始想起。你應該會覺得好過一些。記住，我們可以自己選擇如何看待世界，而我們看待世界的方式，則會影響我們的感受——選擇權在自己手上。

另外，你可以訓練自己正面思考。有位格外積極且熱情的經理人有個奇怪的習慣：她手腕上沒戴手鍊，卻戴了一條橡皮筋。她總是戴著橡皮筋，要是有人問為什麼，她的解釋是：「每當我有負面的想法，想要批評、變得消極或抱怨事情辦不到時，我就用橡皮筋在手腕上彈一下。這會提醒我可以有不同的想法。我可以正面思考。剛開始戴橡皮筋的時候，我大概一個小時內手腕就開始作痛。現在我知道消極和憤世嫉俗只會浪費時間。我現在做事的方式不一樣了，人們對待我的方式也更好了。」

## 協調合作：透過他人進行工作

做為經理人，必須做出重大的轉變，將問題從「怎麼做」（how）轉為「誰來做」（who）。團隊成員面對任務時要問的是：「我該怎麼做？」至於經理人的工作是透過他人讓事情進行，所以你不該問怎麼做，而是必須問：「誰能做這件事？」

隨著指揮和控制在當今社會愈來愈不管用，協作的重要性也日益升高。然而，

## 積極看待……縱火案？

某位校長回顧了她上任第一年內發生的事。剛上任她就發現，學生們總共使用六十八種不同的母語。許多人是第一代移民，伴隨了貧窮、融入社會、找工作等等問題。

「當然，」她說：「這是非常好的消息。有這麼多元的學生，讓人充滿了激昂的熱情。而且第一代移民展現了想要認真學習、在新環境裡留下好表現的決心。他們是教學的樂趣來源。當然，我們也遇過挑戰，學校有一側大樓被縱火犯燒了，但是我們因禍得福，拿到了重新開發的保險金。畢竟話說回來，被燒掉的建築也已經老舊了。」

大部分人應該想快點逃離這個困難重重的學校，但別人眼中的問題，她看到的卻是機會。她的信心感染了教職員和學生，從成績表現和外在印象都能反映出來。她對學校大樓被燒掉的態度是如此正面，害我都忍不住要懷疑到底誰是縱火犯了。

協作並不是告訴人要做什麼，而是透過影響力說服非你所控管的人，以及與你共事和提供協助的人。關於影響和說服的藝術，在前面「說服：如何打動人心」的段落已有詳盡的說明了。

至於協作思維其主要特色包括：

- 從「如何做」轉為「誰來做」。
- 強調影響與說服，而非指揮和控制。
- 藉由建立信任來打造影響力：對齊利益，言行一致，贏得信譽。
- 互惠互利：在他人有需要時提供支持。
- 聆聽、尊重、不獨攬功勞。

協作思維並不容易。我們透過各自的視窗看待現實，來告訴我們什麼事重要、什麼事必須去做；協作思維則要認知到，看待現實有各種不同的視窗，且沒有一個是絕對完美。我們必須理解和尊重其他人的現實。唯有理解之後，才能影響、說服和改變他們的想法。

理解並不代表同意對方的想法，理解是為了有效影響和替協作打下基礎。

## 學習：專業和個人層面不斷成長

職涯是一場馬拉松，不是百米衝刺。在四十年的職涯中，你做的工作和你需要的技能會有根本上的變化。談到音樂或電影品味時，回顧過去的黃金歲月或許是好事，不過談的若是技能，回顧過去恐怕會是災難。工作的保障並非來自於雇主——在科技變革、全球化和激烈競爭的世界裡，雇主和受雇者之間的忠誠關係是條單向道，你被要求百分之百的忠誠，直到你不再被需要為止。你的工作保障是來自於你的技能、過往的業績記錄，以及強大的人脈網絡，這些東西可以指引你往下一個好機會前進。

為此，必須持續不斷更新技能。在組織的不同層級，必須具有的技能都有所改變，在下一段「學習正確行為：了解團隊真正要的是什麼」這個部分將有所介紹。總之，你無法在不同情境下都使用同一套技能，你需要持續學習和成長。

技能的熟練並非全靠訓練。大部分的訓練提供「知道是什麼」（know-what）的技能，它們實用歸實用，卻隨時可被代換，就好比會計、法律、IT都是很好的技能，但在其他國家有一大堆人可以用低廉許多的成本供應同樣的技能。換言之，讓最佳經理人顯得與眾不同的技能是「知道怎麼做」（know-how）的技能；這些隱性技能是關於如何與人打交道、如何讓事情順利展開、如何管理上司、需要承擔多少風險等等。它們沒有所謂的操作手冊，得要自己去找出存活和成功的法則，因為這些法則隨著你在什麼地方工作，也會出現改變。舉例來說，政府部門和投資銀行不管是在風險承受度、工作時數、做事風格都截然不同，也就是說，在某個地方有效的方法，在別的地方可能行不通。

**”職涯是一場馬拉松，不是百米衝刺。**

持續學習的一個好辦法，是不時追問自己兩件事：WWW和EBI。

WWW代表的是「做對了什麼」（what went well）。在每次重要會議、通話或事件之後，問問自己這個問題。它的重點是保握住自己的成功時刻。多數人把成功視為理所當然，認定這世道本該如此，但現實並非如此，想要每次都成功並不是容易的事。事情出了差錯永遠有說不完的理由，那我們也不能認定我們天分聰明可以自動讓每次事情都做對，因此，當我們做對了什麼，一定要想想它為什麼做對；你究竟做了什麼，才讓它一切順利。愈是能把握住自己的成功時刻，就愈能夠理解成功的方法和原因所在，如此一來，就等於開始創造屬於自己的成功操作手冊了。

WWW在事情不如預期時，也同樣有它的重要性。即使事情出了差錯，可能也有些事情你做的對而避免了更大的挫敗。同樣地，要把握住自己做得好的時刻建立你的know-how和信心。

EBI代表的是「換這樣做會更好」（even better if …）。同樣地，在任何重要事件發生時，問問自己怎樣做可以得到更好的結果。EBI的常見代用品是WWW的邪惡孿生兄弟——「做錯了什麼」（what went wrong）。事後檢討的討論偶爾會有用處，很多鮮明難忘的教訓都是來自犯下的錯誤，例如小時候碰觸到某個火燙的東西，讓我們學習到用火的危險性，之後就不會再犯同樣的錯誤。不過，專注在負面的事物很容易讓我們喪失信心，並開始在團隊裡玩起找人背鍋的可怕遊戲。與此相對，把重點放在如何改進，才會確實得到改進。

你可以利用WWW和EBI與團隊進行匯報，也可以拿它們來供自己冷靜思考。你會發現，即使是在走廊踱步、等待火車，或喝杯咖啡，都可以思考WWW和EBI來檢討一整天的情況，讓休息時間變得更有成效，如此一來你就可以當自己的職涯發展教練，按照自己的方式取得成功。

## 學習正確行爲：了解團隊眞正要的是什麼

仔細閱讀資料文獻會發現，理想的經理人有以下特徵和行為：

- 企圖心和謙卑。
- 授權和指導。
- 支持和控管。
- 以任務為重，以人為本。
- 同時兼顧大局和細節。
- 有直覺、有邏輯。
- 以目標為核心，十分關注流程。
- 嚴謹分析和情感上的溝通。
- 具創業精神且十分可靠。
- 靈活迅速，講求方法。

有些經理人自認已經具備上述所有特質，甚至不止於此。這些人既傲慢又愚蠢，覺得自己不需要閱讀本書，或其他任何幫助他們更有效率的書籍。至於我們其他人，則可能在面對如此苛刻又互有矛盾的要求時，自嘆自己的渺小。

在這個時候，我們自然該詢問經理人對他們的同儕、主管，以及團隊成員有什麼樣的期待。以下是針對這個問題所進行的調查，判別標準是依據它們的重要程度來排序。括弧裡的數字是針對這幾個判別標準，經理人滿意同儕的百分比。

| 高層領導者 | 中層領導者 | 畢業新鮮人／新進領導者 |
|---|---|---|
| 願景（61%） | 激勵他人的能力（43%） | 努力工作（64%） |
| 激勵他人的能力（37%） | 決斷力（54%） | 主動性（57%） |
| 決斷力（47%） | 產業經驗（70%） | 智力（63%） |
| 處理危機的能力（56%） | 建立人際關係能力（57%） | 可靠（61%） |
| 誠實正直（48%） | 授權（43%） | 企圖心（64%） |

花點時間審視這張表格，可以發現有四個重要主題從這份調查中浮現：

一、**存活和成功法則在組織的每個層級，都會出現變化：**這可以解釋為什麼有人可以在某個層級成功，卻在下個層級失敗。他們並不是突然之間喪失能力，而是在某個層級可以通過考驗的成功公式，在下個層級無法奏效。

二、**個人魅力和啟發能力基本上不在表格上：**這是件好事。個人魅力是先天能力，沒辦法靠學習而得，同時也並非必要。在數以千計接受訪問和調查的管理者中，我們發現許多有效的管理者，但真正具有個人魅力的卻是少之又少。管理的有效性，並不需要依靠個人魅力和啟發人心的技能。

三、**期望會持續遞增：**資深經理人被期待要同時具備新進、中層，以及資深經理人的所有特質。他們一旦晉升到中層領導後，也不能拋棄智力、勤奮和可靠性。在組織裡，層級愈高，工作績效標準也都會提高。

四、**根據上述判別標準，對於經理人的滿意程度充其量只是一般平均水準：**前面已經提到，滿意程度在每個判別標準的後面以括弧表示。這對經理人來說是個好消息。這表示，如果他們具備上面所列的技能和行為，他們在同儕之間就可以顯得突出。

不管層級高低，你的團隊都會期望你符合他們對最高領導者的期待。就團隊而言，你就是大家的高層領導者，所以你必須做出相對應的作為。因此，我們有必要再簡單回顧一下，要成為團隊想要跟隨的領導者，該做些什麼。

## 願景

你必須有一套簡單的構想，讓未來可以有所不同且更加美好。這不光是設定個有挑戰性的目標，而是要向團隊說明，對於品質、客戶優先、專業精神、零缺陷（zero defects）等方面的要求可以有所不同。接下來，按三部分建構你的願景故事：

一、我們的現況是如此，所以我們必須做出改變。

二、我們要走的方向是這樣，因此我們未來會變得更好。

三、這是我們達成的方法，這是你幫助我們達成目標要扮演的重要角色。

這個願景故事對你很重要，它給予團隊目的和方向感。你要讓這個故事與每位團隊成員切身相關，讓他們知道他們可以如何帶來改變、如何從你構想的美好未來得到好處。讓願景與每位團隊成員更加緊密相關，他們就愈樂於努力投入。

## 激勵他人的能力

如果團隊成員說他們想要一位有辦法激勵他人的領導，他們真正的意思是：希望領導者能多鼓勵他們。事實上，許多團隊經常感受不到主管對他們所做的鼓勵（看看上述表格，只有三十七%的團隊成員認為激勵人這方面做得好），不過你會是在團隊裡，聽到這番真話的最後一人。

如今有一整個產業致力於理解和促進動機，從垂降日（abseiling away day）[2]

2 譯注：繩索垂降（abseiling）是近年來逐漸普及的戶外活動。在企業中，所謂的「垂降日」的理念是透過垂降活動進行團隊建設。活動中，參與者需要團隊成員之間相互協作，互相鼓勵和支持，以確保每個人都能夠安全地完成垂降。藉由這類活動，團隊成員可以鍛鍊個人勇氣、信心和團隊協作能力，同時也可以在輕鬆愉悅的氛圍中建立更緊密的人際關係，促進團隊的凝聚力和效率。

的活動到腦神經科學都包括在其中。要說明我們的論證，只需要幫我們做一件事。在我們的研究中發現，有一個提問能準確預測某個主管在激勵他人以及其他絕大部分項目，是否能得到好的評價。這個問題是：**我的主管關心我，和我的職涯發展（同意／不同意）**。

如果你通過這一題的測驗，大概就會被認定是擅長激勵他人、有決斷力、有願景、注重團隊合作、其他各項衡量指標也都有好評價。反之，如果你的這項指標有問題，其他方面可能也有問題。

> ”**關懷是為了建立信任，而不是為了受歡迎。**

和所有好的洞見一樣，一旦說破就變得明顯易見。假如我們的老闆明顯對我們漠不關心，必會令人感到沮喪；反之，一個付出關心的老闆，則會讓情況完全改觀。

關心並不代表要做個大好人、讓自己大受歡迎。關心代表的是必須去了解每個團隊成員的需求和願望，你可以賦予他們適當的角色，你支持他們，同時在必要時，可以就他們的工作表現和他們進行不易啟齒、但有建設性的困難對話。關懷是為了建立信任，而不是為了受歡迎。

## 決斷力

決斷力在前面關於ＩＱ的部分已經談及。對團隊而言，決斷力重點在於清楚明確。追隨者基本上是懶惰的——想要直接知道自己要去哪裡，用什麼方法到達；反之最不希望的，則是不確定和方向的轉變，這會導致重複作業、浪費時間，以及錯過期限。一般來說，任何的決定都比懸而未決要好，這樣才能創造出方向感和目的性，並移除疑慮和歧異。

如果你自己心存疑慮，要注意別讓疑慮擴散到團隊，這會讓你顯得軟弱和舉棋不定。你的小疑惑，可能發展成團隊的重大信心危機。與其表達疑慮，要做的是讓團隊參與架構分明、著重在解決問題的討論。這個全體參與、著重在如何行動的討論，可以帶引出團隊所期望的決定和清楚的指令。

## 處理危機的能力

危機，是你發光發熱的機會。事情進展順利時，管理是件容易的工作。管理者的考驗不是在承平的好日子，而是出現在事情出差錯的時候。不要閃避危機，擁抱它，把它當成一次機會。

處理任何危機都要注意兩件事。**第一，果斷做決定**。不要避而不談，處理問題要及早且迅速。危機並不是美酒，幾乎不可能愈陳愈香，它通常只會愈變愈糟，尤其是當找戰犯的政治戲碼開始上演的時候。在同儕退縮的時刻更需要你站出來，所有人會因為你有勇氣承擔責任而默默鬆一口氣。

切記，任何決定都比沒有決定要好。有意思的是，當情況愈糟糕，事態也會變得更清楚。當最糟的危機出現，很可能只有一條路可走，或是只有一件事能做，那就放膽做下去吧！重點在於你推展行動，創造動力、打造希望並提供清晰度和目的性。即使你接下來必須調整路線，至少你已經創造了動力並向前邁進。

處理危機的**第二個重點，是你的行為表現如何**。在事過境遷、大家已經忘了什麼人做了什麼事的細節之後，大人們會記得的是當時的你是如何表現的，而這是你可以自己做出選擇的部分。

有些人會彷彿變成隱形人，設法遠離問題爭論；有些人則會進入所謂馬基維利模式，進行一大堆「有助益的分析」，說穿了是把罪責歸咎給別人，細數過往錯誤而一無所成；還有其他人則陷入恐慌；有些人則能保持冷靜、積極、樂於提供協助並專注在做出行動。如果你表現出冷靜自持，你的團隊就會對你有信心。如果你拚命調查到底是誰把事情搞砸了，等於是營造了內訌和政治鬥爭的溫床。

你如何表現，和實際上你做了什麼事一樣重要。因此，要決定好自己期望被看待的方式如何，並據此做出應有的行為表現。

## 投資銀行業的誠信

投資銀行被一般人視為競爭慘烈、充滿兇險的鯊魚池，因此投資銀行裡的領導者理當是池子裡最大、最兇狠的鯊魚。為了查證是否屬實，我決定去採訪當中的幾隻鯊魚。

克里斯跟我談到了投資銀行的董事主席：「誠實是他最鮮明的特質。他從不說任何人的壞話。即便私下和他談話，也不需擔心對話被公開。他從不會在人背後說他們的壞話。如果你浪費他的時間，或者你是個傻瓜，唯一負面的結果是，之後你就沒有機會再跟他碰面談話了。」

「由於他的誠實特質，所有人都信任他。職員信任他、客戶信任他，這讓他在市場上的實力強大。客戶需要在一些敏感議題上可信任的人。在銀行裡，他幾乎沒有敵人，他的地位無懈可擊。」

## 誠實正直

誠實和正直無關道德問題，甚至遠比道德問題還要緊，它們關乎存活和成功。少了誠實和正直，就沒有信任，也沒有團隊合作。這裡的誠實不是政客口中的誠實，它意思類似於：「在被法院證明我說謊之前，我都是誠實的。」

管理工作的誠實遠比這強而有力，它代表百分之百的誠信，有勇氣及早處理不愉快的情況。如果某個團隊成員工作表現不佳，你沒有直接處理，直到績效考核時才做出其不意的評斷，就是不誠實和違反信任的行為。團隊成員需要知道自己到底做得對不對，尤其是當他們出現問題的時候。總的來說，誠實關乎信任。切記，沒有人想要與一個他們不信任的主管共事。

誠實與否，有決定性的影響。在誠實方面評分差的領導者，往往在其他各項分數也都很差。對於他們無法信任的人，團隊成員不可能給予高的評價。雖然被評定可信任的領導者不保證其他項目的評分會一樣好，但至少有機會得到好分數。誠實，需要有勇氣進行困難對話，以及做出困難決定。從短期來說，這些行為也許讓人不自在，但就長期而言，它們對取得領導統御必須的信任和尊重一樣，至關重要。

# 第四章

# 政治管理技能

## 取得權力讓事情實現

在大部分的組織，找得到聰明的人，也找得到友善的人，有時甚至會碰到又聰明又友善的人，然而，他們不一定是最好或最成功的管理者。有許多聰明、友善的人具備了高智商（IQ）和高情商（EQ），卻只能待在組織的冷門單位默默無名地存活。他們受人喜愛卻沒多大用處。另一方面，沒那麼聰明或友善的人卻總是神奇地一路往上爬，登上組織中具有更大權力的位置。

聰明、友善的人們少了的元素，是政治商數（PQ）的技能，也就是政治智慧。政治技能聽起來很像權謀狡詐的馬基維利式風格，的確，有些時候它確實很馬基維利，所以對實際擔任管理工作的人來說，有必要釐清到底哪些是屬於政治技能，以及哪些不是。

政治技能，是你在組織裡讓事情實現所需要的技能之一。IQ技能是關於智力方面，EQ技能是人際之間，而PQ技能則是關於組織和行動。要讓事情實現，你需要知道該如何取得權力和資源並善加運用。一旦取得了某些權力，只要運用得宜，就能取得更多權力和更多的資源。換言之，權力是建立在權力之上。

**”政治技能，是你在組織中讓事情實現所需的技能之一。**

過去二十年來，管理出現了兩個革命，其中一個較明顯的是科技革命，它終於進入了辦公室也進入了管理者的工作方式。理論上，辦公室科技會提升生產力，不過實際上卻非如此，其失敗的理由有三個。

第一，它提高了期望卻沒有降低工作量。因為科技代表著我們在任何時間、任何地點都可以保持聯絡，從而讓我們也被預期在任何時間、任何地點都必須回應。科技這個枷鎖讓我們從辦公室解脫，卻把我們囚禁在家裡；科技讓在家每週七天、每天二十四小時工作成為可能。同樣地，由於如今製作簡報變得很容易，以致簡報變得愈來愈長，卻很少變好。我們可以輕鬆從電子郵件複製人們的資料，如此一來我們製造了更多的工作，卻不見得造成更大的影響。**科技提升了人們的期望，卻不一定提升了人們的工作表現。**

第二，科技招手讓管理者做了不該做的工作。因為我們有辦法做 PowerPoint 的簡報，於是就自己來。這全然是浪費你的時間和精力，因為其他人可以幫你做得更好、更快、更便宜。如果製作 PowerPoint 簡報就是你最具價值的貢獻，那麼或許你根本不適合擔任經理人的管理工作。

第三，科技會浪費時間。如果研究來源屬實，我們在辦公室裡浪費多達三小時的時間在社群媒體和其他與工作無關的科技上。再怎麼說，我們每個人都曾因為網路上奇妙的事物分心，而忘了自己手上正在進行的工作。

由此可見，科技顯然正在改變我們工作的方式。照理說它應該讓我們更有生產力，但更多時候，它卻是拉高了期望、增加了工作量、讓你分心、誘導你去做錯誤的任務。為此，必須學會駕馭科技，不然科技就會來駕馭你。

我認為，**真正的革命在於管理者的工作出現了本質的改變**。在指揮與控制的舊時代，你需要透過你所控制的人來讓事情實現，如今你不大有機會控制所有成功所需要的資源，而是需要透過非你所能控制，甚至非你所喜愛的人來讓事情實現，這讓一切都改觀了。你無法指揮顧客、職員、同僚和長官照你的吩咐去做。你必須學習一套全新技能，包括：影響、說服、建構信任和支持的人脈網絡，讓改變發生。也就是說，要在沒有權力的情況下掌控局面並管理有權勢的人，這是管理者愈來愈需要去面對的現實，而這些技能正是PQ的核心。

**”理解權力的本質，至少能讓你有所選擇。**

疫情出現和在家工作的轉變，加速了這場變革。指揮和控制在整天可以聽到和看到團隊成員時比較容易。與此相對，當無法天天看到或聽到團隊成員時，微型管理就困難許多。

這些技能（稍後即將進行討論的）並無奧祕之處，它們大部分都是管理者可以很快就學會的技能，同時可對他們自己及其組織帶來幫助。PQ關乎權力。權力就像電影《星際大戰》（*Star Wars*）裡的原力，可用來為善，也可以為惡。你必須自己決定想做一個絕地武士（Jedi Knight），還是想當大反派的達斯維達（Darth Vader）。無論如何，理解權力的本質，至少能讓你有所選擇。若沒能打造好PQ，注定會成為其他政治敏銳的管理者踩在腳下的擦鞋墊。

我們會逐一檢視這些技能，不過在討論這些技能之前，應該先了解所謂的政治技能不包括哪些：

- **背刺同事：**暗地突襲有很多方式，它在短期內也可能奏效，不過長期來說會讓你到處樹敵和不被信任。用這般方法打造事業會十分辛苦。
- **靠吹牛虛張聲勢取得成功：**認知管理（perception management）很重要，為此即便包裝外表印象，還是需要一些內在的真本事。
- **密謀推翻上司：**如果你想這麼做，最好別失敗。部屬最難以饒恕的罪就是不忠誠，畢竟上司掌握了比你更多的權力。一旦失敗，你也完蛋了。

在本章，我們會先概述關於政治管理的十大權力法則，接著再詳細探討該如何運用這些法則，從而對你的人生事業帶來最好的效果。

# 十大權力法則：達成PQ

在PQ的新世界，權力並非來自頭銜；即使有響亮職稱頭銜的管理者，也常常苦於爭取掌控權。相對於正式的職權，真正需要的是打造非正式的權力和影響，這遠超過正式頭銜所賦予的權力。環顧一下你的工作環境，會發現有些人很擅長於此。他們不是靠某個神祕、基因上的X因素辦到，而是他們都遵循一些簡單的法則。

這些法則屬於不成文的隱性知識，而非直截明白的顯性知識；它們是一套「知道怎麼做」（know-how）的技能，而非「知道做什麼」（know-what）的技能。這些know-how技能隨著職位更不確定、定義更含糊、挑戰性更高，會變得益發重要。這些know-how技能對高PQ的管理者而言屬於自動反應，就像是他們思維的預設狀態。為此，一旦了解這些自動反應，你也可以自己學習。這些自動反應，我稱之為「十大權力法則」，以下將分別介紹。

## 一、掌握控制權

別等到成為執行長才想要掌握控制。擁有高政治商數的管理者，在任何層級都懂得掌握一些控制權。所謂掌握控制權，是先從清楚的議程並按照議程行事開始。你的議程可以分作三部分講述成一套故事：

❶ 這是我們現在的位置。

❷ 這是我們要前往的地方。

❸ 這是我們要到達的方法。

掌握了控制權，就等於為自己和同事們建立了清晰度、焦點和目的。即使他們不同意，彼此的討論焦點也會落在你的議程，而不是他們的議程。

在危機和衝突的時刻，掌握控制權尤其重要。許多人會選擇閃避，然而危機正是嶄露頭角的好時機。

## 二、創造忠誠的追隨者

必須成為人們「想要」追隨的管理者，而不是他們「不得不」追隨的管理者，如此將能吸引最好的團隊並達成最佳的結果。

除此之外，也需要團隊之外的忠誠支持者——你要依賴其他同事和承包商來幫助你達成結果。建立支持意味著建立信任，你需要培養相互理解（有共同價值觀）和相互尊重，以及切記承諾必須說到做到。它和建立友誼並不一樣；信任是專業關係的核心，友誼則是人際關係的核心。

## 三、扮演好你的角色

如果想表現得像個初階經理，你的願望會立刻實現——你永遠只會是個初階經理。觀察一下比你高兩階的人其穿著、談吐、舉止，如果他們的言行舉止和你存在落差，那你就該考慮改變了。

扮演好角色可能跟如何穿著打扮一樣膚淺。別人不應該用衣著打扮來評斷你，但事實就是如此，不過它比如何穿衣服還要微妙。高階主管並不會用三百頁的PowerPoint簡報來說服彼此，而是會當面討論議題。

你要扮演的是高階主管的夥伴，而不是他們的僕人，如此他們也比較可能把你當成同儕看待。

## 四、趁早出擊

只要有不確定性出現，高PQ的管理者就會利用它來掌握控制。換言之，當危機出現或機會來臨時，要做的是挺身而出而不是退縮。趁早行動需要勇氣，但同時也會帶來一些好處，例如以下這些情況的例子：

- **協商預算：**在框架的限定加諸於你之前，應儘早對廣泛的目標達成協議。
- **管理危機：**如果有一套解除危機的計畫，就可以重新取得掌控。延遲行動意味著事情將變得更糟。

- **取得正確的指派工作：**等待職缺發布就太慢了。你的人脈網絡應該會提醒你機會的到來。確保自己和適當的部門經理建立好關係，以便被安排到你想要的職位。
- **管理會議和克服阻力：**絕對不要在會議上做出決定。當你的議程項目排入會議時，就應該要確知它會有正面的結果。因此，在正式的決策流程開始之前，應該在私下的會議中預先排除可能的反對意見。

## 五、挑選戰場

只要存在著資源不足，組織衝突就必然存在。為此，你必須有能力去戰鬥，但只在必要時刻才出擊，例如：

- 有值得爭取的獎勵。
- 知道自己將會獲勝。
- 沒有別的方法可以達成你的目標。

然而，實際上多數的企業戰爭至少都不符合上述其中一個條件（有時甚至三個條件都不符）。

## 六、選擇性不合理

當你接受藉口，就等於接受了失敗。你需要給人們一點壓力，以幫助他們達成他們以為不可能完成的事。施加一點壓力，他們不僅能從中學習和發展，也會讓組織得以學習和發展。

**”當你接受藉口，就等於接受了失敗。**

然而，有些管理者會做到非常極端——他們永遠在做不合理的要求，施加過多壓力會把人壓垮。霸道式管理只會得到短期的利益，長期而言，卻是以摧毀人力和經濟資本為代價。高PQ的管理者知道如何做到選擇性的不合理，以建立長期的工作績效。

## 七、建立信任

信任是權力的通用貨幣；如果沒有人信任你，別期待自己對任何人會有太多的影響力。信任來自於言行一致，始終能履行承諾。這聽起來容易，實則困難。

我們所說的話，聽在別人耳中經常會不一樣。我們說話時，自以為給自己留餘地的說法是：「我希望……我會努力嘗試……我會再研究看看……。」我們可能以為萬一情況不順利，這些說法能幫助我們開脫責任：至少我們希望過，嘗試過，也研究過了，儘管沒出現我們要的結果。然而，在別人聽起來則像是「我將要如何如何……」的承諾。因此接下來，你可能辯稱你確實按照原本的說法做了，但是這套辯解說詞已無法重拾信任。比較好的辦法是，儘早把醜話說在前頭，而不是到後來百口莫辯。要嚴格設定期望並予以強化，以免最後發生意外情況。

## 八、擁抱歧異性

存在歧異就代表有真空地帶等待填補，它會從不確定的議程中冒出來，例如：

- 如何規劃在辦公室之外進行團隊會議？
- 新的計畫項目該由誰來做？
- 如何回應競爭對手的新動作？

要及早行動和掌控選定的機會，你會因積極主動和專注行動而脫穎而出。接著，還要成功達成使命以贏得你該有的功勞。不過高PQ管理者會把功勞分享給大家，這會鞏固對你的支持和忠誠，並強化你實際掌控權力的事實。

## 九、把重點放在結果

這一點顯而易見，但許多經理人卻覺得把重點放在分析、流程和問題上比較保險。專注結果可以減少不必要的衝突；它可以避免人們互相指責，而是凡事往前看做出行動。如何把重點放在結果上？就先從問正確的問題開始：

- **會議時：**先不論正式議程有哪些，而是問想要達成的是什麼？
- **與其他部門發生衝突時：**我想要達成什麼？它是否值得我為此而去爭取？
- **危機和挫敗時：**要問我們想要的結果是什麼，而不是問失敗了誰要負責？

## 十、善用權力，否則用進廢退

一旦手握權力槓桿，就要好好利用，用得愈好，就會得到愈多正式權力；反之運用不當，不僅會失去權力，還可能失去工作。對此，要避免打安全牌的陷阱。當然，如果只想存活而已，打安全牌當然沒問題，但如果想要成功，就得有所作為。問問自己：「我在這個角色中的表現，可以帶來什麼不同？」你可以留下什麼樣的遺產？要利用權力真正做出一番作為。

## 關於權力的十大法則

**一、掌握控制權：**對部門有清楚的計畫，知道你的工作可以給團隊帶來什麼不同；打造正確的團隊，取得需要的預算和對計畫的支持；別把你接手下來的計畫、團隊和預算都當成是神聖不容更動的。

**二、創造忠誠的追隨者：**對每位團隊成員及其職涯發展表達真心的關切，理解他們的需求、管理他們的期待，及早用正面的方式進行困難對話以建立信任，同時永遠要履行對他們的承諾。

**三、扮演好你的角色：**在組織裡扮演好影響力人士的角色，要積極正面、有自信和主見；面對資深員工要扮演他們的同儕，而不是扮他們的隨扈。

**四、趁早出擊：**對工作任務、討論、新倡議，愈晚出現的人愈難左右結果，反之愈是趁早出擊，愈可能對結果產生影響。雖然這比抱著從眾心態靜觀其變的風險還要大，但是，如果想要有影響力，就應該引領風潮而不是追隨風潮。

**五、挑選戰場：**只有在有值得爭取的獎勵、知道你將贏得勝利，以及當要達成目標別無他法的時候，才有必要加入戰鬥。贏得一個朋友，要比贏得一場爭論更好。

**六、選擇性不合理：**敢於對自己、對團隊和其他人施加適當壓力，以超越如常的工作和超越你的舒適圈來做出不同以往的表現，這會讓你得到學習機會，產生效應，並累積影響力。

**七、建立信任：**信任是權力的貨幣。沒有信任，你得不到人的信賴，所以要言出必行、履行承諾。打造信任會建立你的影響力，反之，當個受人歡迎的好好先生會讓你變軟弱，因為你始終妥協，為討好他人做出讓步。

**八、擁抱歧異性：**危機和不確定性是一個大好機會，能讓你有所表現、取得掌控權、補足他人因為不確定和懷疑所製造的空洞。模糊歧義是領導者趁勢崛起的時刻。

**九、把重點放在結果：**朝著對全組織具有可見度和影響力的明確目標，努力進行。要展開行動，而不是只做分析。

**十、善用權力，否則用進廢退：**掌控自己的命運，不然別人就會來掌控你。唯有運用你的影響力，才能繼續維持你的影響力。

## 掌握控制權：理念的力量

在舊時代，權力和控制來自於正式的權威來源，其中包括：

- **控制預算：**經理人的帝國版圖由其預算大小來定義。預算愈多，自然愈好，但這導致了高度失能的帝國建立過程，全然沒有做到成本控制和效率提升。
- **控制資訊：**在過去，經理人的角色是向下傳遞指令和向上回報資訊。然而，科技進展讓資訊或多或少變得自由，如今，經理人需要不一樣的權力來源以掌握控制權。
- **控制員工和技能：**如果你和你的團隊擁有公司所倚賴的獨特技能，那麼在技能被外包出去之前，仍可以一直保有權力。
- **控制顧客：**如果說現金為王，那麼顧客就是你的王后，且就像西洋棋一樣，王后才是真正有權力者。在專業服務公司，權力歸於有呼風喚雨能力、能讓顧客掏錢出來的「造雨者」（rainmaker）。

- **控制權限：**這是墨守成規的小官僚們的世界（「讓你做這種事已經超過我的權限……」）。沒有太多控制權的小官僚不會輕易讓步，因為這是他們唯一的權力和目的的來源。

以上這些權力來源，至今仍具有相關重要性，因為它們是你可以運用的談判籌碼。簡單地說，少了預算、資訊、職員、技能、顧客或權限的權威，無論在哪裡對任何人都不會有太多的影響力。然而，只有這些權力來源並不足夠，它們只是進入影響力運作的入場券。如果說第一個挑戰是取得其中一些權力來源，那麼第二個也是更重大的挑戰是要知道如何運用它們。

在管理的新時代，光有頭銜和形式上的權威，並不代表掌握了控制權。連最資深的經理人，也無法輕易掌握控制。如果你執行的議程是從前任手中接下來的團隊和預算，那你還沒有取得控制權，只是在管理前任留下的遺產。更糟的是，你會受制於其他部門所有同儕互相競爭的議程和優先工作項目的影響。

那麼，到底要如何取得掌控呢？

在模糊不清的世界，擁有一個非常清晰、具有相關性、價值的議題是取得掌控的核心關鍵。在此的議題，指的是如何讓你的部門或單位在你的領導下，變得更好的一套理念。你必須描繪出一個美好未來，好讓團隊朝著它去努力，同時讓高層主管支持你的構想。這會幫助你穿越管理日常工作的種種噪音，專注於真正重要的事，而不只是迫切待做的事項。

需要處理的噪音數量龐大，每天都有日常的小危機和衝突、有無止境的報告和行政工作，以及年度預算和績效考核等，以上這些都是所有管理者必須做的工作。不過這些工作只不過是達成目的的手段，管理的目標並不是為了送出預算書和績效考核表。管理者必須達成預算和績效，這通常代表的是你必須做一些和過去有所不同的事。做事方法和過去一樣一成不變，卻期待比過去有更好的結果，根本是一廂情願。如果只是一味應付噪音，你不會有任何作為。

有時，這樣的議題又被稱為「有願景」，它可能讓人聯想起金恩博士（Martin Luther King）和他的「我有一個夢……」，但在我看來，有這種願景的管理者應該把它藏在心裡就好。在商業管理，所謂的願景不過就是可分成三部分的簡單故事：

一、這是我們要去的方向。
二、這是我們要到達的方法。
三、這是你能提供的幫助。

> 所謂的願景，不過就是描述個簡單的故事。
> ””

有些人會額外增加第四個說明：現在的位置，但它只是簡單幫助解釋我們要前往之處的相關性和重要性。在現在和過去糾纏太久，並不是朝未來前進的好辦法。

## 這是我們要去的方向

給予方向是管理的關鍵之一。這個方向必須一致且可預測，同時團隊必須能理解你的優先工作順序並且不用每次都要回頭請示才能做出選擇，以及他們必須知道個人的努力重點要放在哪個地方。在這時候，用個簡單的故事告訴團隊成員應該努力的目標會大有幫助。基本上我們要去哪裡，應該會有個清楚的目標或相關的主題。目標可能包括：

- 今年要達成預算。
- 今年要爭取到三個新客戶。
- 削減十五%的成本。
- 引入一項新產品。
- 把交貨時間縮減五十%。
- 建立新的測試市場計畫。

上述目標，可以歸納為以下這類想法：

- 把作業方式專業化。
- 加快制定決策的時間。
- 加強對顧客的關注。

• 簡化工作流程和模式。

有些經理人會結合目標和主題。所謂主題，就是讓他們達成目標的方法。把事情單純化需要花一些心力，還要有洞見和判斷力。如果經理人能說出一套這樣的故事，取得掌控的途徑就變得很清楚了——經理人打造出一個議題，靠這個議題來推動團隊並聚焦在議題上。經理人掌控事件，而不是受事件所擺布。

## 這是我們要到達的方法

說出想要到哪裡去容易，難的是如何確實到達那裡。一旦心中有個目的地，就必須讓大家知道這個目標跟部門的需求息息相關，而且它辦得到。為此最重要的，是先把重點放在實現幾個簡單的勝利。每個人都喜歡自己是站在贏家的陣營。為期一年的目標對部門而言太過龐大，所以要找到一些團隊當下可以先著手的工作，讓團隊很快看到一些初步的進展。不需要預先推出一整年的計畫，只需要清楚掌握終點和起點是什麼就可以了。

## 蘇聯的別針工廠

一如往常，「國家五年計畫」再次得到百分之百的同意通過。蘇聯的國家計畫委員會如今必須把計畫轉化成細節。最終，他們把目標鎖定在別針。計畫中要求把別針的生產量增加五〇〇％。見識到規模經濟的好處，國家計畫委員會決定鎖定由一家工廠負責製造「人民的別針」。

這家工廠過去一直在生產「光榮和革命」的拖拉機，他們很沮喪地發現如今每年他們必須生產二十噸的別針。這裡的員工是製作拖拉機的能手，從沒想過有天要來製作別針。工廠的管理者想出了一套在一星期內完成目標的計畫，讓剩下的五十一個星期可以繼續製造拖拉機。

第一個星期結束後，工廠已經生產出一根二十噸重的巨大別針，即使最強壯的老婆婆也用不上。

第二個星期結束時，工廠管理者正協助完成蘇聯的採鹽礦目標，至於國家計畫委員會正在傷腦筋的則是，設定目標這檔事還能變出什麼花樣⋯⋯。

## 這是你能提供的幫助

在這個部分必須把關於部門整體的故事，轉化成對每位團隊成員都有相關性的個別故事。團隊成員喜歡感覺到被需要，為此，要讓他們知道自己很重要、能對團隊做出貢獻。

你要與每位團隊成員個別評估部門的工作目標，而這是個設定期望的好機會，以說明你希望達成的目標和希望的工作方式。反過來說，你也可以預期會聽到團隊成員在他們職涯、機會、技能和工作方式等方面希望得到的幫助。就和你對整個團隊的做法一樣，要確認個別成員的初期目標，讓他們開始做出貢獻和取得進展。這可以建立起雙方的信心，同時假設他們無法辦到某個事先約定的初期成果，你也許得開始擔心他們的工作績效和能力。

把這個工作做好，就可以建立起跟每位團隊成員的心理契約——承諾彼此為對方的需求而努力。透過彼此都同意的目標、行動和工作方式，將能同時掌控整個團隊以及團隊中的每一個人。

# 改革管理：重點在人，而非計畫項目

傳統智慧會告訴你，管理的核心要務就是關於改革。或許應該是如此，不過大部分經理人在大部分的時間並不是那麼熱衷於改變。改變代表了風險、不確定性，甚至比日常工作還要花費心力。唯一沉迷於改革的人是管理顧問（改革表示他們可以收費，同時不用為他們的行動後果承擔風險），還有執行長（改革等於告訴董事會他們有在做事，由於他們是掌控改變的人，他們對改變也不需太擔心）。

> **唯一沉迷於改革的人是管理顧問和執行長。**

由於改革被視為管理的核心，管理階層自然會宣稱正在執行改革。某些傳統機構，除了一年換一次牆上的月曆之外什麼事都沒做，但他們照樣會談論步伐加快的改革及其代表的挑戰。這樣的觀感或許是全然錯誤的，但它所帶來的後果卻是千真萬確。如果經理人「自以為」在快速改變，那麼任何更多的變化都會把他們帶離原本的舒適圈。突然之間，你會聽到很多貌似聰明理性的論點，解釋為什麼改革很危險，且注定會導致混亂。理性的論證往往不過是來自感受到威脅的人，所發出的求救信號。

> **認知或許錯誤，卻會帶來實實在在的後果；工作並非一個地點，工作是你做了什麼事。**

改變是充滿FUD之地——恐懼（**fear**）、不確定（**uncertainty**）、懷疑（**doubt**），管理者並不樂見於此，但在適當條件下，你可以做出非比尋常的改變。在二〇二〇年三月的某個週末，許多公司做出了超過了他們過去十年累積下來的改變。他們明白了工作指的並非一個地點，而是你做了什麼事，且不管在任何地方，你多半都能做這些事。過去，在家工作被認為是躲在家裡偷懶，但一夕之間，在家工作變成了新的工作常態。

二〇二〇年三月的情況是由於疫情強加給經理人的，但在此我們要跟大家說明的，是如何創造條件來達成真正的改變，而不用等到像疫情這類隨機出現的外部危機。對此，我們要探討成功改革的兩個重點：

- 設定成功的改革。
- 管理改革的流程。

## 設定成功的改革

大部分的改革或成功或失敗，在它們開始之前就已經決定了。身為經理人，在組建成功的團隊之前，你就必須投入時間。多年來，有個預測改革會成功或失敗的方式，它可以歸納成一個等式，就是以下這個在數學上不大牢靠的公式：

$$N \times V \times C \geq R$$

其中：

- N 是改變的需求（**need**）。
- V 是改革之後會達成的願景（**vision**）。
- C 是改變的能力（**capacity**）
- R 是改變的風險和成本（**risk and cost**）。

這個改革等式，用白話來說，就是你需要強烈認知到改革的需求、具有改革達成後的願景，同時也必須有改變的能力，而以上這三者，必須超過你做出改革的風險和成本。

接下來，讓我們從實務上探索每個元素所代表的意義，以及可以實際應用的方法。

## 改變的需求

由於大部分人直覺上不喜歡改變，為此有必要找到真正需要改變的理由：必須有個要解決的問題。如果人們本能是避免風險，自然也會避免改變，這就是人性。要克服避免風險的心態，**必須讓大家了解什麼都不做的風險，要比做了某些事的風險還更大**。就連公司執行長們也會用這個策略，他們會創造出一個「失火的平臺」（burning platform），讓改變成為存活的關鍵。「失火的平臺」的故事核心是市場競爭、監管機關或科技即將讓我們無生意可做，除非做出改變。面對要失去工作或改變工作方式這兩個選項，大部分人會選擇改變他們的工作方式。

全球疫情就是個經典的「失火的平臺」。一夕之間，各大公司發現他們的辦公室無法再使用，他們必須改變，且大部分都成功了。經理人不需要大力遊說改變，或者花工夫說服人們起身迎接挑戰。人人都知道必須馬上採取激烈的行動，其結果是所有人共同努力創造了企業史上最大也最快速的一次變革。如果平臺真的失火了，你的變革可以超光速進行。

然而多數時間，你不大可能遇到像疫情這樣的失火平臺，不過還是要讓大家明白，你正在處理的是真正的問題。最好的情況是，這不是你製造出來的問題。它或許是公司整體而言遇上的一個挑戰。對此，不妨注意聆聽執行長和高階主管在談論的話題，他們多半會談論他們所面臨的挑戰。許多經理人對這類的談話心存敷衍，聽完了也不做任何反應，因為他們只坐待上級指示。這是你出頭的好機會，你要展示出自己不光是努力傾聽，同時也遵照高層的優先要務採取行動。

## 改革的願景

所謂的願景，簡言之是用宏大的方式陳述想法，我們在前面的段落已經看過。你要展示改革如何讓事情變得不同、變得更好，且它改變的不僅是你的單位，還有團隊的每位成員，以及整體組織。

改變的需求會製造壓力，但改革的願景則會帶來希望、清晰度以及焦點。壓力和希望這二者同時都需要；如果有壓力卻沒有希望，就會陷入絕望，因為沒有人知道如何回應。反之，一旦設定了願景，團隊的每位成員就會比較清楚自己該做什麼。

## 取悅顧客

執行長發表了他的年度咨文演説。一如往常，他努力激發希望和恐懼——對更美好未來的希望，以及不做改變後果將不堪設想的恐懼。他同時大力強調取悅顧客的重要性，這並不是是值得大驚小怪的事，畢竟他們是靠取悅顧客來生存的法律公司。大部分人點頭稱是，接著就趕去吃午餐。

總務主管並沒有受邀參加會議。他的角色微不足道，但他還是不請自來，確認了座位、音響、影片播放、午餐供應都沒有問題。他認真思考了這段演講：到底取悅顧客跟設備有什麼關係？他自己不能確定，於是召集了他的團隊成員。

他們做的第一件事是整理洗手間，畢竟二流的洗手間很難取悅顧客，而這成了公司裡的一個亮點。接著他們改善接待櫃臺，讓它更有歡迎的氣氛。接待人員做久了往往就像表情凝重的保安人員，因此他設法做出改變，授權接待人員成為禮賓人員，竭盡所能協助來訪的來賓。他們還打造了會議室裡的客戶專用房間，不僅舒適也兼顧安全。

在下一次的年度會議裡，執行長沒有忽略總務主管。他要總務主管對所有合夥人發表談話，因為他是真正理解執行長關於取悅顧客的訊息並付諸行動的人。理解高層管理人員的議程並採取行動，如此一來就會得到強而有力的支持，同時亦能打造你的存在感和信用度。

好的願景會帶來清楚、可定義、有時間限制的好處。每位團隊成員都應該知道成功的樣子，以及會在什麼時候實現。最高管理階層也應該要從改變中看到好處。大致說來，這種好處分為三種類型：質性面（qualitative）、量化面（非財務）（quantitative, non-financial）和財務面（financial）。團隊最不感興趣的或許是推動財務上的利益，而最高管理階層最感興趣的偏偏就是財務上的好處。他們眼中看到的利益愈大，就更有可能支持你。這表示，必須找到方法，去清楚說明每個群體可以得到的獎勵，如次頁表格所示。

基本上，需要從三方面衡量獎勵大小。質性面的想法是大家都能夠理解的；量化面的好處是讓團隊有具體目標可努力；至於財務上的好處則會讓高層願意支持。

你需要反覆談到改革的獎勵。消極和積極的反對聲音在所難免，因此如果只談論加強對顧客的關注，就很難應付這些反對的聲浪。但是，如果把兩百五十萬英鎊的獎勵擺在人們眼前，反對者自然就難以抗拒，畢竟，沒有人想成為阻止公司每年賺進兩百五十萬英鎊的經理人。

**”好的願景會帶來清楚、可定義、有時間限制的三大好處。**

| 質性面的好處 | 量化面的好處 | 財務上的好處 |
|---|---|---|
| 增強對顧客的關注 | 把年度顧客留存率從 80% 提高到 90% | 增加年營收 250 萬英鎊 |
| 提高團隊士氣 | 把主動離職率從 18% 降到 10% | 節省 30 萬英鎊的招募和訓練成本 |

## 改變的能力

歸根究柢，得到確切適當的支持才能讓改變發生。在實際運作上，重點仍然藏在細節。原則上，所謂正確的支持有三種類型：

- **強有力的贊助者：**你的想法或願景必須得到這位最高層管理者直接的支持，他們必須知道能從你的作為得到什麼好處，才會幫助你確保需要的預算、確認正確的工作團隊，並幫助你排除一路上任何的政治障礙。他們不會參與你的日常作業——如果他們是提供贊助的正確人選，他們理應是個大忙人，不過他們會提供關鍵的支持來啟動改革，並讓它持續進行。
- **技術上的支持：**如果想對外宣稱你的改革努力，會增加年度營收兩百五十萬英鎊，你所宣稱的說法必須經過驗證才會得到大家的信服。銷售和行銷部門必須驗證顧客留存率可以改善，財務部門必須驗證你的財務預測準確無誤。
- **正確的團隊：**這方面只有一部分和技能有關，更重要的是思維和價值觀。要讓改革有效果，你的團隊成員必須主動、有衝勁、韌性，以及創造力來面對挫敗。他們還需要良好的人際社交能力。測試成員好壞的一個方式是看他們能否協助你組成正確的團隊。如果最後得到的是一個二流團隊，就不要棧戀，它會害你夜夜加班還達不到成效，同時也代表了你的成員權力不足，或者這不是他們的優先要務。

## 改變的風險和成本

所有的改變都成本不貲且具有風險，這也是多數人不喜歡改變的原因。理性的成本和風險容易應付，它屬於風險日誌（risk log）和問題日誌（issue log）的範疇，附帶各種緩解風險的方法。這些理性的風險通常可以用理性管理處理。真正要命的風險不是理性的，而是情緒和政治上的：

- **情緒風險高度個人化：**這個改變會如何影響我？我還保得住工作嗎？我會有新的目標、新的長官或新的角色？我得去學新的技能嗎？成功的話，功勞是誰的？還有失敗的話，我要承擔罪責嗎？
- **政治風險關乎權力和職位：**這會如何影響到我的單位？會得到或失去預算，職員和責任會增加還是減少？對本單位的議程和工作優先順序會有何影響？

理所當然，不會有人直接討論這類的風險，因為這會顯得不夠專業。另一方面，感受到威脅的人會開始拿出一整套看似理性的意見來反對你的變革想法，但理性案例的爭論將變成徒勞的練習。不管你覺得自己有沒有道理，另一方只想要更堅定自己的立場罷了。一旦他們在公開場合採取了立場，要他們再改變立場，就會變成一件不容易的事了。

對此，最好的解決辦法是在私底下和關鍵人物和有影響力的人交談。要確認自己充分理解和尊重他們的需求，同時你的行動要讓他們有參與感，以緩和他們受到威脅的感受。對此，可以運用本書所整理發揮影響力和說服力的技巧。

開始改革行動之後，要把改變的等式銘記在心——除非你的改變能成功，不然花費大量時間和精力去做改變並沒有什麼道理。籌劃改革需要時間，但這個時間是很有價值的花費，因為只要一開始做對了，在日後可以幫助你節省許多時間和怨嘆。

# 改革流程的管理

改革的流程絕不僅只是專案管理（project management）。專案管理非常重要（稍後會詳細介紹），因為它處理的是什麼事情該在什麼時候要出現，至於改革管理則是關乎人和政治。好的改革管理者和好的專案管理者往往是截然不同類型的人：前者擅長處理的是人，後者則是擅長處理任務。如果你善於處理人的問題，就找擅長處理任務的人一起合作，反之亦然。

首先，會介紹改革流程的本質以及你該如何處理的方法，接著我們會討論如何應付改革的阻力。

## 改革之旅的本質

改革很少會平順無波，它可能像坐雲霄飛車，搭這趟雲霄飛車的過程中，每個人各自有不同的旅程，因此你必須個別對每個人提供協助。

有些實際的方法能幫助人們度過這個情緒起伏跌宕的旅程。情緒壓力過大，會導致喪失工作效率。因此，他們需要你的幫助以維持生產力。基本上，幾個關鍵原則包括：

- **漸增式的承諾：**不要一下子就要求人們做太多事。分階段增加他們的責任，一開始先從比較簡單的任務做起。這會有兩個效果：
  ❶ 建立信心，讓他們認知自己可以成功。
  ❷ 建立責任感：事情已起了頭，他們會覺得自己有義務完成整段的工作。
- **適度施壓，但別施壓過頭：**認真嚴肅的改革，必然會把人們帶離他們的舒適圈。在管理良好的情況下，這可能帶來刺激感，並有助於提升工作績效。不過，如果施壓過了頭，他們會過度緊張焦慮。這就像登山者出現了高山症，需要重新回到他們的舒適圈才能康復，如此一來，分階段逐漸增加責任和適時施加壓力的過程又得重頭慢慢來。一個常見的錯誤，是持續強制要求進度，

卻沒有給他們適當的康復時間。你要關心照顧的是人，至於任務就讓他們自己去關心照顧。不要讓任務壓垮了你的人。

- **注重積極面：**認可和強化正確的行為和表現；找出每個人做得好的部分，給予認可以建立他們的信心。問題出現時，要幫助團隊找出解決方案並盡快採取行動。不要讓他們糾結在問題上，或是空想他們做不到的事情。縱使對於一個大問題他們只能提供很微小的貢獻，也應該讓他們去做。
- **對目標要堅定，對手段要靈活：**所謂專注於目標，並不只是專注在必須完成什麼，也包括為什麼必須要完成它。完成目標將對組織和個人帶來正面的後果，可提醒他們關注獎勵，好讓他們了解自己工作任務的價值和相關性。但是同時對於他們如何達成任務要給予一些彈性，好讓他們感受到授權、控制，以及責任感。
- **及早設定期待：**如果人們預期將走過「死亡的幽谷」，他們在遭遇困難時便不致徬徨。我們告訴過一位執行長，要做好通過死亡幽谷的準備。在接下來的兩個月，他就像小孩子一樣每遇到新的挫折就追問：「我們到了沒？」最終他冷靜的領導組織度過難關，因為他早有準備。

- **找出一些初期的勝利成果：**一些象徵性的行動，往往有助於人們相信你對改革是認真看待，以及改變的動能確實存在。一旦啟動了改革的氣勢，人們也會隨著跟上這股風潮。

我們可以透過圖 4-1 來說明，這趟雲霄飛車之旅會體驗到的不同旅程有哪些。

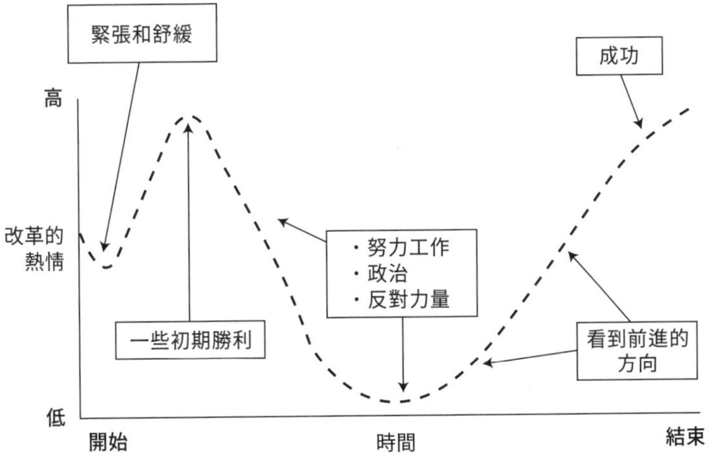


圖 4-1：改革與死亡幽谷

## 處理改革的阻力

管理阻力的原則，大部分在第三章的「說服：如何打動人心」和「處理衝突：從FEAR到EAR」中已詳細說明。如果建立方案的方法正確，大部分的阻力在方案開始推動之前就應該已被排除了。不過仍有個危險潛藏。

任何的改變都會引來阻力，其中，抵抗最激烈的是那些認為自己損失最大的人們（見圖4-2）。他們會發出很大的聲浪，而與此同時，多數人則保持沉默。你可以在政府改革稅制和調整預算支出優先順序時看到類似的效應。輸家喊得震天價響，贏家則是一派沉默。

**PQ經理人容易落入的陷阱，是掉入與少數人的爭辯之中。**愈是聆聽少數人的聲音，等於愈是讓他們的觀點顯得正當合理，實際上，等於是給了他們對於計畫的否決權。最糟糕的狀況是他們阻止了改革；即使是最好的情況，他們也會延誤、減弱，甚至嚴重打斷改變的計畫。

處理這類障礙最好的辦法就是繞過他們迂迴而行，把你的精力著重在鼓舞大多數人（還有重要的意見領袖和決策者）。一旦他們開始默默支持你的努力，反對派的大軍漸漸就會覺得自己被孤立。當改革的火車離了站，他們就要做出選擇：上車、被落在後面，或是躺在鐵軌上阻擋火車前進。

不論如何，火車都不會停下來。在商場，抵抗的大軍最終會慢慢四分五裂——有些人會加入、有些人會暫避風頭，還有些人則會選擇離開另謀機會。

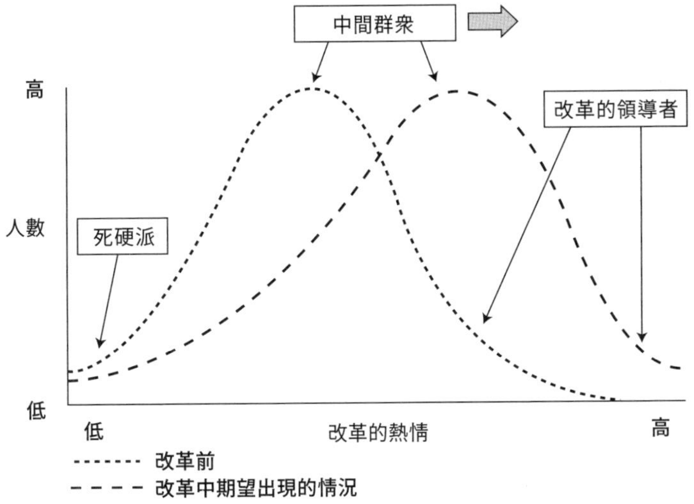


圖 4-2：改革鐘形曲線的變化

# 人與改革：通過死亡幽谷

專案經理（project manager）往往喜歡自稱改革經理（change manager），因為這聽起來比較漂亮高雅。他們這套美化職稱的說法，和人事部門（咳，應該稱做人力資本管理、戰略人才管理）以及銷售部門（咳咳，應該叫客戶關係長、重點客戶經理、行銷專員、商業開發助理）的做法如出一轍。

然而，在無傷大雅、玩弄文字遊戲的背後，存在著嚴重的混淆問題。專案經理基本上是屬於IQ技能，重點是打造（有時會是改變）像是IT系統、生產線和重要土木工程等。一般而言，它涉及下列類型的活動：

- 制定工作規範。
- 建立風險與問題日誌。
- 估算工作量，包括人員、時間、材料、金錢。
- 定義關鍵路徑（critical path），決定什麼任務要按照什麼順序進行，好比在搭屋頂之前要先打地基、在通行處先開一扇門等。

- 評量與監管進度。
- 制定專案計畫，上頭用大部分令人難解的符號標示決策點和路徑。

在管理複雜任務時，例如，興建核電廠，專案管理會是很有價值的學科。一個管理良好的專案完成時，會帶動事物的改變，但人不會光因為建了座新工廠或ＩＴ系統就出現改變。要讓計畫得到真正的成功，必須改變人們做的事，以及他們做事的方法。這是改革管理與專案管理之間本質上的差別。而這又讓我們回到了管理者角色的核心：透過其他人來讓事情實現。

**”有效的改革管理重點在於人，而不只是專案計畫本身。**

有效的改革管理重點在於人，而不只是專案計畫本身。因此，要了解在組織裡有效影響人們最常見的五個方法：

- **改變他們的工作：**角色、責任、職位描述。
- **改變他們做事的方法：**技能。
- **改變人員和任務的組成方式：**流程和程序。
- **改變評量、獎勵、認可他們的方式：**資訊、評量、考核和獎勵制度。
- **改變他們的行為方式：**最廣義的公司文化改革。

專案管理的高IQ技能，在面對有深度EQ和PQ需求的改革管理中，無法提供幫助，因為需要改變的是人。人並不像建築物或IT系統，他們有自己的想法、有自己的希望和恐懼；他們會反駁、迴避、製造麻煩、做出情緒化或政治化的行動；他們在考量組織利益的同時，會根據自身利益做出行動。改革是場充滿混亂的實戰作業，無法透過專案管理軟體，以優雅的方塊圖（box and wire diagrams）做出簡潔俐落的關鍵路徑分析。

## 改變人們的工作

公司改組通常意味著組織架構的改變，亦即：移動公司組織圖上的方塊，期待有好事會發生。組織架構的改變，會遭遇某些看盡滄桑的經理人的懷疑眼光——權力從集中到分散，然後再重頭來一遍。組織究竟要圍繞產品、顧客、功能，還是市場來組成，全看當時流行的潮流。

任何改組都包含三方的面向：IQ、EQ和PQ。基於智識、理性原因所進行的改組最常見，卻也是最沒有效能的改組理由。如果處理得宜，改組的好處應該要來自於情緒和政治上的影響。

- **改組的理性面**：這是管理顧問情緒激昂的部分，他們會畫出一堆圖表、進行工作量規劃和分析，創造一大堆的職務描述。很多時候，他們會創造出沒有必要的複雜系統和官僚制度來印證自己的正當性。公司改組在理性面的真正問題在於往往沒有辦法知道或證明，某一個組織架構一定比另一個組織架構來得好。
- **改組的情緒面**：從最基本層面來說，公司改組是對組織發起的召集令，等於是告訴大家：「我們必須更貼近顧客，所以現在要從以產品為重心的架構，轉換到以顧客為重心的架構。」改變這個架構，並且改變評量、獎勵、工作流程和程序來支持這個架構，人們就會開始相信這套故事。就個人層面來看，公司改組是個大好機會，可用來重新設定與團隊每個成員的心理契約，等於是說：「這是個新世界，讓我們一起想想大家要怎麼做，才能在這個新世界裡取得成功。」

- **改組的政治面**：組織改組一個非常好的理由，是把既有權力巨頭推翻。舉例來說，瑪莎在一個大型系統公司被任命負責歐洲區的營運，在陽剛味十足的企業文化裡，一堆權力巨頭力圖阻止她掌權。他們各自有冠冕堂皇的理由，解釋為何自己的部門獨一無二，無法協助她進行成本控管。於是瑪莎重組了整個團隊（包括一場殺雞儆猴的儀式，指派給其中一人難以接受的職務迫使他走路）。她把原本以地緣關係為出發點的公司，轉變成產業導向的公司（金融服務、原油和天然氣、公共部門等）。在理性面的說法是公司需要打造更廣泛的產業專業，但真正的理由則是要拆解權力巨頭們的權力。這些人發現如今自己置身在陌生的領域；他們無法運用過去的藉口，同時也看到抗拒改革所導致的結果。現在，瑪莎牢牢控制住了這些權力巨頭。

## 改變人們做事的方法

對管理者本身，以及對他們所管理的人而言，提升和改變技能是一項持續的挑戰。管理者職涯旅程的一大特色，是他們所需要熟練和掌握的技能會隨著時間徹底改變。在職涯初期，管理者需要學習他們的本業，這個本業的專業技能可能是會計、IT、法律或行銷。大部分情況下，人們會認真學習這類技能，因為：

- 他們知道自己尚未完全掌握他們的本業技能。
- 他們知道熟練技能是職務晉升的關鍵。
- 這些知識有完整的文獻參考資料，只要付出努力就可學會。
- 這些職能技巧隨著管理者職務持續晉升，重要性也遞減；還繼續在編寫程式碼或是盤點庫存的人，可能做不成資深經理人。

## 制定新的心理契約

這是星期天的早晨，我們知道明天早上必須宣布改組的消息。成堆的職務描述、PowerPoint 簡報、Q&A、組織架構圖和網頁，一切都準備就緒，但感覺有點空洞，少了某個東西。我們查看所有文件，然後明瞭我們漏掉的是人——他們在海量分析的滔滔洪流之中被遺忘了。

於是，我們開始思考每個人，以及改組對他們個人所代表的意義：他們的希望和恐懼、以及為了改組的成功，我們需要他們做些什麼。於是慢慢地，改組行動回復了生命力。在每個人身上，我們找出了：

- 對他們而言，改組會帶來哪些不同。
- 改組對他們個人來說可以帶來什麼幫助。
- 他們個人可能有哪些顧慮，我們該如何幫助他們。
- 在績效、技能和做事方法等方面，我們需要他們做出哪些改變。

隨著改組的推展，我們和每一個人坐下來討論新的心理契約——這是我們彼此的承諾。這種主管和每位團隊成員之間的心理契約，遠比很快會被丟入廢紙簍的枯燥職務描述更有力量。

**”無法讓其他人做事的管理者，就不算是在管理。**

重要性日益提升的則是人際技能，亦即：讓其他的人來做事。如果無法讓其他人做事，就不算是在管理。不妨仔細觀察你所在的組織，會發現有些管理者很擅長這類的事，而大多數人則是介於合格和非常糟糕之間。

學習和提升人際技能是最困難的挑戰，其中包括：激勵、影響、授權、管理衝突，以及對應各種不同的做事風格，同時這也是最訓練不來的東西。

有多得出奇的經理人會告訴你，他們忙著幫他們的貓安排瑜伽課或其他可能的藉口，來推托解釋為什麼他們無法參加你精心設計的人際技能研討會。人們對參加人際技能訓練的興趣缺缺，與參加專業技能訓練的熱忱截然不同，因為：

- **大部分經理人不想要承認自己缺乏人際技能**：參與訓練課程會被視為軟弱無能，且大多數經理人自認善於與人相處。
- **經理人不認為研討會和職涯發展有相關性**：他們覺得更迫切需要解決的，是當下所遇到的挑戰。
- **所需要的技能並未被充分理解，也沒有充足的文獻資料**：我們所處理的是隱性知識，不是顯性知識。宣稱找到答案、可以填補知識空缺的人之中，有大師，也不乏冒牌貨；他們的答案互相矛盾，畢竟也無從得知他們的解決方案是否適用於你的問題。不論是士氣不佳或獲利不佳，他們對所有問題都是提出同一套神奇解決方案。

大部分的人相信經驗，而不是訓練，這有其道理。如果看到某個人做得好，我們可能會想嘗試仿效；同時要是看到有人搞砸了，會嘗試避免犯同樣錯誤。慢慢地，我們從經驗中發現自己的成功祕方。在理論上或許不可行，但實際上確實有效，在你的使用情境裡可以行得通。問題是，從經驗中學習像是隨機的漫步。如果你和團隊想要快速學到正確的教訓，需要更多的架構和目的。對此，除了正規訓練之外，有兩個方法能加速學習：

- **尋求指導（coaching）：**這在第三章的「指導：不再是訓練」的段落已有詳細說明。
- **同儕團體的學習：**讓人們從彼此身上互相學習哪些做法有效用（參見次頁方框的例子）。在本質上，這是要創建一個有架構的觀察和發現之旅。從團隊的集體經驗汲取教訓，並找出對目前情況有實際效用的方法。另一方面，做好這個工作，也能幫助人們重新思考他們自己的工作。從同儕身上學習，具有可信度和相關性，來自外部的協助很難與之相比，不過前提是它必須要有良好的架構設計。

## 如何進行同儕之間的團體學習？

教導經驗豐富的業務員如何賣東西是很危險的，因為他們自認已經全懂了，而且，業務內容還是深奧的人壽保險產品，任何一個講師理當都應該感到膽怯。於是，我們乾脆利用業務員的自信，讓他們先自我吹噓一番。

首先，我們分析了對於不同顧客、銷售不同產品成績最好的業務員是哪些人。我們和他們一起開發了非常基本的銷售模式（參見第三章的「說服：如何打動人心」）。接著我們把最好的業務員都聚在一起，請他們互相分享彼此的祕密。這是他們的光榮時刻，每個人都想辦法要用自己的洞見打敗其他人，而我們則是如實的加以記錄。

我們整理了他們的成果並在研討會裡推展，讓所有參與者都可以依據這個框架以及最佳銷售員的洞見來打造一套自己的做法。所有人都認真投入活動，可見了解最佳業務員真正的做法，是增加他們自己個人業務和年度紅利的祕方。經過這整個過程，我們得到一套業務員的作業公式，在理論上雖然不大行，但是它在實務上得到巨大的成功。

## 改變人員和任務的組成方式

流程的改革威力強大，也常被誤用。使用得當的話，可以幫助組織提升關於品質、成本，以及顧客體驗的市場表現。流程改革的本質是換位觀察組織。大部分的組織往往從功能上思考，這是人的天性。我們都是從我們自己的位置觀看世界，不管是客服、後勤、營運或其他任何支援功能，但這會導致兩件事難以達成：

- **成本效率（cost efficiency）**：你可以裁減部門的成本，但其實有許多成本是來自其他部門的需求，以致看不出削減的成本會對其他地方造成什麼樣的連鎖效應。在不關注流程的情況下進行成本削減，是裁減成本的粗暴手法，會引發政治的鬥爭，因為各部門都要努力保護自己的領土。經濟衰退會導致粗暴的成本削減，就像外科醫師將長了壞疽的腳截肢，病患或許能存活，但不會因此更健康。
- **市場有效性（market effectiveness）**：傳統的職能觀鼓勵各部門把其他部門當成自己的顧客，以致購買我們服務並支付我們帳單的真正顧客，彷彿成了看不見、遙遠的存在。

缺乏效率的成本和沒有效力的市場，絕非成功的處方。為此，我們應該關注在流程，而不是功能。透過對流程從頭到尾的觀察（新產品開發、訂單履行、顧客服務、交易執行），可以看出你的部門的行動與其他部門是如何連結。你很少會去觀察你的工作在整個產業中的位置（例如，紡織業去關心從養綿羊直到商品店的整個流程，或是美食家去注意從前菜一直到最後甜點）。掌握整個大圖像之後，可以借用室內遊戲「只要一分鐘」（Just a Minute）的精神，來進行管理並改善情況。這個室內遊戲的玩法，是連續說一分鐘的話，但過程不能用重複的字，也不能停頓或偏離主題。這當然是很困難的事。套用「只要一分鐘」的公司改造工程，意思是重新設計核心業務流程，讓它運作時不會再：

- 遲疑——避免任何流程延誤。
- 偏離——避免任何不能增加價值的非必要活動。
- 重複——避免因為品質不良而必須重新作業。

它的成果，應該是達成公司「更好、更快、更便宜」的挑戰的一套流程。

為了成功，流程再造需要從顧客端開始。一開始要找出希望的顧客體驗是什麼，再往回倒推流程。不要從既有的東西開始，因為它可能已出現問題。對失敗的系統進行漸進式的改良，只會讓壞掉的東西存活得更久。從一張白紙開始，寫下顧客的需求，讓你有機會成功聚焦在組織上。

> **”對失敗的系統進行漸進式的改良，只會讓壞掉的東西存活得更久。**

流程再造可能會衍生許多弊端。在許多案例中，所謂的重新設計實際上等於帶著笑臉進行成本裁減，但「笑臉」基本上毫無用處，甚至讓流程再造成了骯髒的字眼。一提到再造工程，人們聯想到的是一大批年輕顧問蜂擁而至，收了大筆費用詳細描繪出你既有的工作流程，最後再把你開除。

## 商業流程簡史

大約在一九九六年，西方世界重新發現了流程改造的技藝，並稱之為「流程再造工程」（process re-engineering）。事實上，日本已經致力於流程改造很長一段時間，不過他們名之為Kaizen（日文漢字「改善」）或TQM（全面品質管理，total quality management）；日本人讓西方人從深切自滿中驚醒，也幫助了所有的人（被日本人消滅的產業員工除外）。

西方世界過去一向都知道流程的重要性，但不知怎麼卻把它忘了。亞當．斯密（Adam Smith）於一七七六年出版的《國富論》（*The Wealth of Nations*），描述了如何透過流程管理讓製針作業的產能和品質大幅提升。由一位製針工匠執行整個製作過程既緩慢又沒有效率；反之，由一群不熟練的工人但每個人只負責製針程序的一小步驟，則可達成驚人的品質產能。從這個觀察中，亞當．斯密探觸到了資本主義和管理實務成功的核心：專業和分工。

從亞當．斯密到亨利．福特，這不過是智力上的小小跳躍。藉由設置和完善生產線，亨利・福特橫掃了工匠派的汽車製造商。就如英國格洛斯特（Gloucester）的製針業者一樣，他也發現技術不熟練但組織良好的工人，可以做到任何工匠在品質和數量上都無法匹敵的產品。

流程要成功改造，需要企業全面性的翻修改革，其中包括：重新思考如何服務顧客、重新設計流程、改變組織架構、獎勵、支援新設計的評量和資訊系統、技能組合的改變，以及改變人們做事的方式。另外，流程改造是雄心勃勃的事，因此需要非常強大的政治支持；很少有管理者能單獨帶動真正的、全公司的流程再造。如果你聽到這樣的重新改造工程要進行，通常最好的辦法是加入一起從內部提供改造的協助；反之如果身為局外人，你因改造工程而失去工作的風險，將大幅提高。

戴爾電腦展示了流程再造工程的威力。麥可・戴爾（Michael Dell）這個年輕的大學畢業生，在個人電腦市場上力戰ＩＢＭ、蘋果、東芝、惠普和康柏等巨擘。他身上沒有任何籌碼。或許是出於絕望，因為他無法負擔庫存，於是決定直接面對大眾，根據訂單來銷售他的電腦，竟一舉重新改造了整個產業的流程：

- 傳統的個人電腦流程：先製造，然後希望能賣出去。
- 戴爾的個人電腦流程：先賣出去，然後再製造。

它讓改造變得簡單，甚至比改造流程工程師的設計圖還要簡單。這個改變所帶來的效應是：

- 解決了所有完成品的庫存問題。
- 公司的成長帶來現金流的正值，因為付錢給供應商之前顧客會先付錢給你。
- 排除了未售出存貨、資產減記（write-downs）、求現的清倉拍賣（fire sale）等因素所造成的損失。
- 免除了對複雜銷售預測工具的需求。
- 藉此去除昂貴的經銷商而降低成本。
- 快速取得關於顧客和市場趨勢的實用知識。

- 打敗競爭對手。

正如戴爾所展示的，好的流程再造工程有兩個特點：

- 追求簡單，而非複雜。
- 關注的是市場壓力，而非內部壓力。

然而大部分的流程再造，都未能通過上述這兩項考驗。

## 改變人們接受評量、獎勵和認可的方式

管理學最古老的兩句格言依然最有道理。其中一句是「你只能掌控你能衡量的」（You can control only what you measure），另一句則是「你獎勵什麼，得到的就是什麼」（You get only what you reward）。你最主要的工作是去評量和獎勵對的東西。為此，以下是幾個不該採用的方式：

- **按處理通話次數來評量電話服務中心的職員：**顧客的服務品質，會因為電話中心員工急忙處理每一通電話而嚴重受到傷害。
- **盡量減少保固維修理賠的核可：**注意現行經理人對顧客索賠設置的巨大障礙：必須在銷售後預先做好產品登記、出示原始收據、已蓋章的保固文件和原始包裝、支付運往海參威的郵費、出示證據證明故障不受保固文件中三百一十七個豁免條款任何一條的限制，接下來還要祖宗十八代的親戚簽名同意後提交。
- **用已發放貸款數額來評量理財專員：**接著你將發現，要是沒有注意貸款的品質，借錢出去容易，把錢拿回來難。這是銀行業的基本真理，在本書的較早版本就已經提出過警告。這是基本的真理，但許多拿高薪的銀行家似乎經常遺漏。
- **以軟體編寫者的代碼行數（KLOC）作為衡量標準：**寫了龐大數量、難以更動的複雜代碼，而不是行數較少、更優雅穩固的程式。如果用同樣評量方式對付寫書的作者，你會遇到大麻煩。

「我該如何評量工作績效？」這個問題的唯一簡單答案就是「好好評量」。答案簡單，但毫無用處。有些時候，問題可能比答案還要有用。以下是幾個你要問的重要問題：

- **對組織整體而言，目前重要的是什麼？**這個問題，提供了負責區域該如何重新設定獎勵和評量方式的情境。要確認你的目標和公司要加強顧客存留率、降低成本，或是技能、員工和銷售快速成長的目標是否一致。
- **我真正需要去評量的是什麼？**小心自己許的願望。別忘了希臘神話的邁達斯國王（King Midas）他曾許願自己碰到的東西都變成金子。當他發現他碰到的食物、酒、妻子和情婦都變成了金子，便開始詛咒自己許的願望。在現實中，你需要的是綜合財務、市場、組織和開發的評量。
- **人們會如何反應？**仔細思考人類行為產生的後果。人們會採用最簡便的捷徑來達成你要求的目標，然而捷徑並不一定就是好方法。
- **我要如何認可和獎勵工作表現？**人性在這裡扮演了有趣的角色。人們往往會把不成比例的熱情，投注在看得到且可自行決定的事物上。意思是，底薪並不能推動工作績效，但是紅利、獎金、公司配車、頭銜和福利則會引發很大的關注。它們之所以重要是因為同事們都看得到，且它們似乎是我們可以直接控制的事。

- **這個目標會有什麼非預期的後果？**找出答案的一個好方法是問問自己：換成你自己被設定要達成這個目標時，你會用什麼招數。想想看自己為了達標，會不會取巧走捷徑、調動任務的優先順序、做毫無道理的成本削減，或是數據操控？向你保證，就算你不用，一定也會有別人玩這些把戲。

## 改變人們的行為方式

文化革命通常是以慘敗收場，想想毛澤東和五千萬人的死亡。文化革命的失敗有其原因：

- **文化變革通常是對多數派的攻擊：**文化代表了在組織裡成功和存活的非正式規則。對多數派發動攻擊並不是一個好的開始，攻擊一個被認定是至少可存活的行為模式並不能讓情況變得更好。

## 從數據到資訊，設置有效的評量系統

搭電梯去找執行長的途中，我擔心起了公司的評量系統。在三樓，一個送貨小弟推著小推車進了電梯，上頭裝的是大約三十公斤重的電腦列印文件。我問他這是什麼東西。他開心地回答：「要給史提夫（執行長）這星期的報告。」史提夫根本不喜歡閱讀。

我們兩人一起見了史提夫，他見到送進門的好幾GB的垃圾不禁面露不悅。於是我們坐下，我請史提夫在白紙的另一面寫下他每個星期真正想要看到的評量——重要的東西一張空白紙就已足夠。接下來我們開始在電腦列印的文件中翻找，不難看出史提夫真正想要的並不在他收到的這堆資料中；無意之間，我們已經整理出了一套面面俱到的評量表（倒是沒想到要申請專利保護）。最後，史提夫所需要的資訊必須回答四個基本問題：

一、財務上的表現如何？（績效的落後指標。）

二、在市場上的表現如何？（績效的當前指標。）

三、公司內部的表現如何：在員工、營運、品質方面？（績效的當前指標。）

四、有什麼新的東西：測試、試產、研究、重要項目？（績效的未來指標。）

在這個時刻，我們開始了一場革命。我們把史提夫的這張紙逐級下傳給各個層級：每個經理人都要稍做修改以著重在他們負責區域的細節，並確認自己收集的數據是上級需要的。剛開始，許多張紙都是可怕的空白，因為沒人知道實際情況如何。找出實際的情況並做出報告，需要花幾個月的努力。

- **文化變革關乎人們如何行為：**改變行為等於是對個人行為的一種攻擊。對個人的攻擊並不是激發熱情的好辦法。
- **文化變革的計畫往往混淆了目的和手段：**大部分組織存在的目的並不是讓員工開心；讓員工開心具備生產力，是為了達成組織其他目的的一個手段。

• **文化變革的過程往往管理不當：**它也許不至於讓五千萬人送命，但它可能牽涉到許多傷感情、發人省思，與傷害人際交往的爭議事件。有些人喜歡這些改變並宣稱自己人生因此改頭換面，但也有些人會覺得渾身不舒服。

在批判大部分的文化變革計畫之後，也該讚揚一下它的好處。在合適情境下執行良好的改革，或許也是不可或缺的，畢竟有許多組織的文化已經徹底失能。俗話說「組織是幫助平凡的人完成不平凡的事」，但這些組織則是恰好相反。有太多組織讓一群不平凡的人，做出庸庸碌碌的平凡事。

在文化上之所以有失能風險，主要是舊體制的既有組織（legacy organisation），它們已變得肥胖慵懶，陷入了既有的模式。

> **”有太多組織讓一群不平凡的人，做出庸庸碌碌的平凡事。**

## 把價值觀落實在行動上

新上任的校長想要灌輸尊重個人的觀念。主任們熱烈討論，也很歡迎這個理念，卻沒有人知道實際上該怎麼做。接著，有一天某班的導師要求全班同學留校反省，因為有人偷了東西卻沒人承認。這時校長提出了問題：「全班留校如何展現對個人的尊重？」自此之後，再也沒有老師採用全班留校的處罰。

另一方面，有位體育老師以喜歡壓迫學生而聞名。她似乎認為對肥胖和哮喘的學生，就應該進行儀式性的羞辱。這當然不是尊重個人的行為。這位體育老師不願對自己的做法讓步。她不久就決定離開，學校也找來另一位能幫助所有學生，而不只是幫助健康學生的體育老師。

漸漸地，學校的文化慢慢改變了。沒有什麼突破性的事件，也不需要處理個人行為和人際關係的轉型會議。相反地，所有教職員一起學習尊重個人的真正意義。他們認定自己是這趟旅程的主人，而不是聽從他人的耳提面命，所以他們願意支持行動，並想辦法讓行動奏效。

在一段時間內，這並不會造成問題。它們如此強大並宰治著市場，看似所向無敵，但在之後一旦某個新創公司出現，遊戲規則便會就此翻轉。它們一開始會拒絕接受現實，直到最後陷入恐慌或毀滅。恐慌至少會給他們一點存活的機會。

如果有心想要投入公司的文化變革計畫，以下提供幾個指引方針：

- **文化攻擊要從側面發起**：把努力重點放在大家都會支持的業務目標上。為了達成那個目標，你需要一些促進行動開展的活動，包括：獎勵、評量、如何工作、技能等。換言之，讓變革行為內建在這些活動中。
- **始終要保持積極態度**：讚揚所有正確的行為。如果有個店員替不滿意的顧客退款，記得表揚店員的主動和對顧客的關注（如果這是你希望達成的目標）。不要攻擊其他人不夠主動，或是沒有以顧客為中心。慢慢地，人們自然會明白組織重視的價值是什麼。
- **運用文化變革的槓桿**：獎勵和評量制度是推動行為的強大工具。然而，如果你的獎勵是給付一〇〇%的佣金，不用意外你會有一支績效超高但不尊重工作倫理的銷售團隊。

• **身先士卒帶頭示範：**人們會客氣聆聽你關於文化變革的議論，這是因為他們不得不然。在茶水間，他們很快就會判定你的這番說法究竟是虛晃一招或實事求是。要讓它成為事實，你必須做出決定以支持自己的說法，尤其是一些艱難的決定。

# 讓事情實現：專案管理

大多數戰鬥的勝敗，在發出第一槍之前就已經決定——商場上的戰鬥大抵也是如此。因此開始一項新挑戰之前，要先確認做好成功的準備。花一個月的時間努力籌劃一個專案項目，遠比花十二個月的痛苦時間、企圖完成從一開始就不可能成功的任務要好得多。高PQ經理人的直覺反應，會投入大量心力為成功的議程做好準備，至於天真的經理人則基於職責和承諾接下任務。一年之後，高PQ的經理人會被視為成功範例，反之，有IQ但天真過頭的經理人則被當成失敗的魯蛇。

> 大多數戰鬥的勝敗，在發出第一槍之前就已經決定了。

理論上進行複雜的專案，最簡單的方法是雇用一個厲害的專案經理。你可以找到不少人具備所謂「PRINCE2」課程認證（**PR**ojects **IN** Controlled **E**nvironments：受控環境下的專案管理第二版，一個以流程為基礎的有效專案管理的方法），他們看得懂甘特圖（Gantt chart）或PERT圖（Program Evaluation and Review Technique：計畫評估與審核計畫圖）、知道風險與問題日誌和關鍵途徑，這些是可以供你運用的技術性知識，能幫你避開一些再明顯不過的災難。

然而，身為經理人的首要職責，並不是去處理流程的細節。和改革管理一樣，第一個工作是確認專案是為成功而設，而做到以下的事項會讓成功機會大增：

- 針對正確的問題。
- 找到正確的贊助者。
- 雇用正確的團隊。
- 有正確的流程。

由此可見，專案管理成功的要求和改革管理的要求一樣，但專案管理的流程挑戰不同於改革管理的挑戰。由於這四點很重要，所以我們要簡短複習一下正確的問題、贊助者和團隊的需求，接著，我們會著重在專案管理的正確流程。

## 針對正確的問題

面對錯誤的問題，即使給出了正確的答案也是一文不值。測試問題的好方法是問：「這個問題的權責歸誰？誰對這問題夠關心，想要採取行動？」

如果高層中沒有一個人對你想要下工夫的挑戰有興趣，那麼就不會得到太多支持，事情也很難有進展。相反地，如果你要處理的問題直接和執行長有關，會突然發現事情變得很容易——忙不過來的高層主管突然都能挪出空檔跟你見面、你能招募到一流團隊，甚至還會發現可用的預算也神奇出現了。

## 找到正確的贊助者

以你的角度來看，所謂好的贊助者有四個特質：

- **有政治權力：**他們能搞定問題，讓事情實現。
- **有可信的聲譽：**過去他們有把事情搞定的成就紀錄。
- **涉及他們的個人利害關係：**你的計畫對他們而言必須很重要，利他精神不足以成事。遇到困難時，你需要他們支持你，而不是轉頭就走。
- **值得信賴：**必須有信心他們的承諾會說到做到。

執行長通常是很好的贊助者。執行長的專案不容失敗，因此你會得到支持、預算和可見度。贊助者並不負責執行專案，因為那是你的工作，但正確的贊助者能確保讓你籌劃的專案有正確的團隊和預算，同時在關鍵時刻，好比：遇到緊急狀況或達成重大里程碑向他們報告時，隨時提供協助。

## 雇用正確的團隊

差勁的團隊會把小問題搞成大問題，好的團隊則會把大問題化為小問題。就你而言，這就是成功或失敗、天堂或地獄之間的差異，所以一定要找到一流的團隊。不過按照定義，所謂一流的人才應該早在其他地方被委以重任忙碌著了。

正確的團隊會具備正確的技能組合，不過同時也要有正確的價值觀：主動積極、有衝勁、關注他人，而且有韌性。按一位執行長的說法：「我雇用人，大部分是出於他們技術上的技能，而我解僱人，多半是基於他們（缺乏）的價值觀和人際的技能。」

正確的價值觀很少被當成選擇團隊的評判標準，但也常因此造成災難性的後果。如果你有一個高績效、以行動為本、願意承擔風險的團隊，然後你送進來一個戒懼、負面、分析型的人，不管成員技術上的技能多麼好，很快就會製造出一個不愉快且表現不佳的團隊。

## 有正確的流程

有一整個產業專門在從事專案管理，因此幸好，你不用去精通 PRINCE2 專案管理的四十個不同活動和七個主要流程，也能管理專案。如果你正好下星期就要建造一座核電廠，那麼當然你需要準備風險日誌、問題日誌、會議日誌、活動日誌、主日誌，以及緩解措施和大量的 PERT 圖或甘特圖。不過一般說來，你的專案應該會稍微簡單一些；況且，如果真的需要專案管理的專業知識，還是有很多合格的專案經理能協助你。身為管理者，不必凡事都自己來，而是必須找到正確的人幫你把事情做好即可。

在實務上，會發現錯誤的流程是「末日惡靈四騎士」中危險性最低的一個。如果你找到正確的問題、有正確的贊助者和正確的團隊，那麼就算一開始做了錯誤的流程，你還是有意願以及有能力在必要時刻改變你的流程。

好的專案管理不會把事情弄得更複雜，而是要把事情變簡單。你可以按照以終為始的原則來做到這一點：把重點放在應該有什麼結果、如何衡量這個結果，以及成功時你要如何得知。切記，要力求明確具體，因為這會提供你和團隊清晰度和焦點。

一旦心中確定了正確的結果，要設定用最少的步驟來達成目標——這是一個簡單的關鍵路徑。以產品的創新而言，它可能會是這樣：研究機會／市場、設計產品、製作產品、銷售產品、發送貨品、開具發票。接下來，可以深入去了解關鍵路徑每個部分的細節，不過也要注意大局的發展，關注在真正重要的事物上；你必須處理所有日常的細節，但不要迷失在細節之中。

沿著關鍵路徑行進，會需要一個有效的治理流程（governance process）。務必將這個流程設定正確。有些治理流程猶如西班牙的宗教審判所，你必須進到裡面向充滿懷疑的資深管理者自證清白。他們只在狀態更新時才參與進來，這代表他們需要大量的簡報，同時他們也會焦慮，擔心自己在狀況外，因此，他們會問更多的細節、提出更多的挑戰。這是過去舊思維裡指揮和控制的辦事方法，並不能為你提供幫助。不過，它代表進行專案的同時，還要花同樣多的時間準備報告。

與其遵循傳統向上級匯報的關係，你應該設立一個指導委員會，並說明這是個諮詢團體。委員會的目的不是為了控制，而是提供建議與支持。與其有個關係若即若離的上層管理者，你應該找一群利害攸關的利害關係人加入這個委員會，而這些人應當會期待你的計畫得到成功。例如，即便是財務部門，對你的成功也會有所期待；如果他們驗證了你在計畫開始時呈現的財務數字，他們自然希望得知自己的工作有相關性並受到尊重。在指導委員會裡，你需要一些理所當然的支持者，但是你也會希望把可能的麻煩源頭收編進來。如果不把財務部門納進來可能會有問題；反之，如果及早將他們納入，不僅能很快聽到他們所顧慮的問題，同時也能與他們合作共同解決問題。

### 如何讓專案計畫成功？

**一、以終爲始：**清楚說明期望的結果，建立一套作業案例，衡量收益的大小並量化機會。

**二、回答正確的問題：**理解你要解決的問題或機會，確認它具有重要性、迫切性和相關性。

**三、爲正確的委託人工作：**確認這個問題或機會，有一個希望得到解決的所有者，同時這個問題的所有者願意支持你，且有權力幫助你找到正確的人力和預算。

**四、建立同盟：**找出能協助或妨害你計畫的關鍵利害關係人，了解他們的需求和期待，並取得他們的主動支持。

**五、召募團隊：**確認把最好的人才都找進團隊。如果只能組成二流的團隊，最好先問問你的專案對於重要人士是否真的重要。

**六、簡化任務：**把專案計畫拆分成細項、較簡單的步驟，好讓所有人都能跟進且完成。

**七、排列任務的順序：**了解任務的依存關係，比如，哪些事情需要在哪些事情之前完成？建立一個有明確最後期限和重大里程碑的時間表，讓你能追蹤進度並確認符合各事項之間的相互關係。

**八、有效監控：**建立正確的治理機制，亦即：確認重要利害關係人的參與和支持；在每個重要期限預做更新簡報，以利改正作業及時進行，但要避免過度的監控和分析導致的窒礙難行。

**九、管理重大風險、議題和障礙：**找出重大挑戰的補救措施。要避免無所不包的風險日誌和問題日誌所製造的官僚主義作風。

**十、現在就開始：**要立刻起身行動。找出一些初期的勝利並公告周知，展示你的工作進展，以招攬更多人加入支持的陣營。

# 不講理的管理藝術：無情

在一切完美的世界裡，或許管理者始終都會講道理，然而我們並非活在完美的世界，管理者也不是一直都講道理。**最好的管理者是選擇性不講理和無情；最差勁的管理者則始終不講理，也始終無情。**無情不一定代表霸凌、有侵略性、喜歡針對個人、讓所有人的日子不好過。當然，有不少這樣的人，他們一天到晚樹敵，而這些敵人會樂見你失敗，並在你即將失敗的時刻順手推你一把。

如果你詢問資深的領導者是否無情，他們大概都會否認到底，因為他們不樂見自己被這般看待。不過看看他們的行為表現，必要時確實會冷酷無情（參見次頁方框案例）。即使他們沒有承認自己無情，也會承認自己有強硬的一面。這有什麼不同？最好你看得出來。要做到有效率，就得知道何時必須無情（以及何時不能無情），以及如何做到無情。

## 何時必須不講理和無情？

孫子兵法的三個規則在此重新派上用場。只在下列情況可「開戰」：

- 有值得爭取的獎勵。
- 有確定的勝算。
- 開戰之外，別無他法取得獎勵。

簡言之，輸贏代價巨大時，就是有必要變得無情的時候，例如：

- 預算談判。
- 目標設定。
- 團隊組成。
- 任務分配和晉升。

簡單來說，如果進行的是正確的任務，同時有傑出的團隊成員和理想的預算來

## 無情，還是強硬？

在兩次世界大戰之間，蘇格蘭藥學家弗萊明（Alexander Fleming）發現了盤尼西林，但是要大規模生產盤尼西林並不容易，直到二次世界大戰期間，它才開始被大量生產。

一批早期的藥劑送到了北非，當地的英軍正和德國人打仗，而有一些傷兵需要大量的盤尼西林。然而，英國的將領仍不確定這批神奇新藥的最佳運用方式，以致有些人用了藥之後照樣死亡，而有些人就算沒有藥也可能存活下來——這是無法事先預知的事。除此之外，還有一些士兵在開羅和亞歷山卓的風月場所感染了淋病，只需一點點盤尼西林就可解決問題，但這些人自取其咎實在不值得用藥。將軍們把這個消息傳到倫敦，詢問邱吉爾的建議。

你會怎麼做：挽救作戰受傷的士兵？還是尋花問柳的士兵？

邱吉爾的回答清楚明白：用藥要符合「最佳軍事利益」——盡快把最多的士兵送回戰場上打仗。風月場所的士兵全數帶走，受傷的戰爭英雄則留下來自求多福。成功並不總是來自親切友善。

進行合理的目標，那麼你已經有八成勝算打贏這場戰爭。反之，如果和差勁的團隊一起進行錯誤的任務，且只有拮据的預算和荒謬的目標，就該開始考慮換工作了。你可能有其他的仗需要去打，但是不要把個人的時間和資產浪費在無謂的小衝突。即使你打贏了這個小衝突，卻可能失去朋友，且在真正的大戰開始時要付出昂貴的代價。遇到小衝突時，要表明立場，之後做出讓步，最好是透過談判協商等讓步，換取到一些好處。

## 如何做到不講理和無情？

偉大的事物絕少是講道理之人辦到的。看看歷史上的英雄，不會找到太多講道理的人：從中世紀的查理大帝（Charlemagne）到邱吉爾、從成吉思汗到甘迺迪，會發現重大事件是由達成不可能任務的人們所塑造。從蓋蒂[1]到蓋茲，他們可不是

1 譯注：讓・保羅・蓋蒂（Jean Paul Getty；一八九二～一九七六年），美國實業家，創立格蒂石油公司，一九五七年曾名列《財星》雜誌（*Fortune*）最富有的美國人。

謙遜、會滿足於合理結果的人，他們一旦打定主意要贏，就非得大贏特贏不可。蘋果公司的共同創辦人賈伯斯（Steven Jobs），以神奇的「現實扭曲力場」（Reality distortion field）而知名，因為他總是讓不可能的事情實現；也很少人會認為伊隆．馬斯克的期望合情合理。

在你的組織裡，或許會發現一些很有成就的人，而他們可能是組織裡較無情、不講道理的主管。在此同時，許多講道理、有格調的管理者則是被冷落在一旁。

無情的人不必然令人厭惡。關鍵在於你要明白，對於任務的結果可以無情無理，但對於完成的方式還是要講道理。以下是必須採取強硬立場的幾個情況。

## 預算談判

要清楚說明可接受的目標，並解釋它們可被接受的原因，接著就要堅守立場、屹立不搖。假如做出任何的讓步，就要設法爭取一些回報，清楚說明任何改變會帶來的後果和風險。要讓人覺得任何立場的偏差都會十分危險。為此，要及早設定預期，在展開正式預算談判前錨定適當層級的討論（參見第二章「設定預算：績效的政治學」）。

利用正式和非正式的流程來表明你的立場。不要光透過檯面上的正式程序來達成你想要的結果，而是要在幕後努力遊說關鍵的決策者。要確認你有個好故事可以跟他們推銷。決策者大致是按照這個優先順序：先支持你、再支持你的故事、再來是你的數字和他們的員工。如果你有可信度，也有好故事，應該就可以得到你想要的結果。

**”假如做出任何讓步，就要設法爭取一些回報。**

### 目標設定

目標設定正好和預算談判相互對應，且適用同樣的原則。兩者一定要相互參照——預算的改變必須對應到目標的改變。

當你為自己的團隊設定目標時，道理也同樣適用，但目的是為了達成相反的結果，亦即：要設定最富挑戰的目標，但又不至於讓團隊因壓力過大而崩盤。

## 團隊組成

永遠要堅持第一流的團隊。一般而言，新任務通常會安排許多缺乏經驗、未經考驗的人，再加上一些經歷考驗但仍有不足的人。

你必須在口頭上應付正式的任務指派流程，並在必要時繞過正規程序。你可以跟自己期望的人選大力推銷你的任務，以激發他們的熱情，並幫助他們找到放下手邊任務的方法。找出在現有主管底下無從發揮的優秀人才，並培養建立關係，即便你不是馬上就需要他們。如此，在你需要他們的時候，若已建立良好關係並得到他們的信任，事情就會變得容易得多。

進行人員調動。這不見得會導致他們不快，但不要過度關注為什麼有人把事情搞砸了，而是要把重點放在他們做好的部分，以及他們在哪裡（在其他地方）最能發揮才能。隨時留心組織中可以安插他們的空缺（讓你可以調動這個人）。把重點放在正面的優點不只對他們個人有好處，同時也代表你能更快調動他們，並減少因著重在他們的缺點而引發衝突。

## 任務分配和晉升

打造你的人脈網絡。找出有趣的任務何時會在哪裡出現。在許多例子中，初期的倡議預算很少且需要自願者投入精力去評估考量，對此你可以主動表態願意花時間參與。根據自己的需求對倡議進行評估；如果你對評估結果滿意，就已經占據有利位置，有機會取得這個倡議中你為自己安排的角色。不過，還要讓未來可能的老闆們知道，你對為他們工作的前景充滿興奮期待。同樣地，如果有個惡夢般的任務即將到來，也可以表現出自己手邊要務繁多，分身乏術。

要找到贊助者。快速平步青雲的方法，就是緊緊抓著高層主管的衣角；事實上，高層們也都需要個可信任、可依賴的團隊。如果你夠機靈，就可以找到不只一個贊助者，如此一來當你的主要贊助者垮臺或離職，你也不至於被拋棄而孤立無援。在閒暇時間自願做一些有趣的零工，是引發高層主管注意和讚賞的快速途徑。

儘早跟你的老闆設定你對職涯發展的期待，並反覆強調。你們的討論主題或可名之為：「我該做什麼，才能得到晉升？」老闆不喜歡被這樣逼問，但這樣的對話會有所幫助，因為它：

- 釐清可能的歧異。
- 迫使老闆認真看待你的職涯前景。
- 在時機成熟時，使老闆難以迴避你的晉升問題。

## 向上管理老闆，以及難應付的人

在扁平組織的新世界裡，必須和「權力與影響力遠超過你」的人合作，為此，有必要找到積極影響他們的方法。

要管理的權力人士中，最重要的或許就是你的老闆。老闆總是問題多多。你不會有老闆的使用說明書，且事情一出狀況，有錯的一定是你；你對老闆沒有半點權力，但你的老闆卻對你有很多權力。換句話說，他們是開發你影響力技能的絕佳練習場。如果能有效影響你的老闆，自然也能影響其他有權勢的人。

接下來，我們要探討你如何能：

- 管理老闆。
- 跟老闆說不（或跟任何其他有權勢的人說不）。
- 管理不講理的老闆。
- 跟不講理的人打交道。

• 影響組織中最高層的人。

## 如何管理你的老闆？

在職業生涯中，難免會遇上意見不合的老闆——這不是愉快的經驗。然而，重點不在老闆是否有錯，因為老闆有的是權力，而你有的則是問題。好消息是，如果能學會管理你幾乎毫無控制權的老闆，就可以順利管理任何人。

**”老闆有的是權力，而你有的則是問題。**

要做好向上管理，一個好的出發點是用老闆的眼睛看世界。假設你擁有一個團隊，思考一下你對團隊成員的期望是什麼，老闆對你的期望也大致類似。通常老闆對部屬們期待的不外乎是：

- 可靠。
- 誠實和忠誠。
- 積極主動。
- 勤奮。

即便這些只是低標，但許多人仍過不了關。其實，管理老闆的基本原則很簡單：

- **可靠：**必須有好的工作表現。不論你PQ方面的表現多聰明，如果能力倒數第一，還是救不了你。好的職涯管理不只關乎形式，更重要的是真本事。
- **設定好的期望值和不厭其煩地溝通：**這是可靠的相對面。可靠不光只是達成期望，也關乎期望值的管理。沒有老闆會真正理解你的能力所在，他們不會知道你可以接受的工作量是多少，因為在今日的組織裡，大部分的工作本質上都定義模糊。為此，你必須告訴老闆你能做什麼、不能做什麼、何時需要幫助，以及什麼時候工作過量或工作太少。及早設定這些期望值以免出現意外的情況；老闆不喜歡意外狀況，且意外也很少是好事。如果情況出錯，要及早通報以便採取補救措施，不致讓問題演變成危機。

- **忠誠**：大部分老闆都是相對寬容的，他們知道難免有時會出差錯。雖然許多罪過可以原諒，但唯獨不忠誠不可原諒。當老闆不再信任你，你在不利的狀況下與老闆分手只是時間早晚的問題而已。並非只有在老闆背後刺一刀才叫做不忠誠，其他像是：在風雨飄搖時沒有力挺老闆、背後說老闆壞話，或是對工作不夠投入，都是不忠誠的表現。有時忠誠可能很辛苦，但它對職涯的生存至關重要。忠誠的本質是信任。稍後會談信任的等式，它說明信任是由調準（我們是否有同樣的價值觀和工作優先順序？）和信譽（你能否兌現承諾？）所決定。一旦建立起信任感，任何管理者都會想把你留在團隊裡。
- **積極主動**：做事要主動。老闆自己的事情已經夠多，別再給他們添事。為此，當問題和挑戰出現時，向老闆報告的同時也要提出解決方案。就算這不是最佳解決方案，老闆還是會感謝能和提出解決方案，而不是帶來問題的人共事。

> **”許多罪過都可原諒，唯獨不忠誠不可原諒。**

- **勤奮：**老闆會知道誰付出了額外的努力、誰沒有。並不是每個工作都光鮮亮麗，管理工作的日常操作可能很乏味。因此除了做些風光的事，也必須幫忙老闆處理些垃圾工作，好讓他方便處理其他的事情。
- **適應老闆的做事風格：**如果不喜歡老闆的做事風格，那是你的問題，不是老闆的問題。你必須找出辦法來配合老闆的風格。如果你的老闆講究細節、不喜歡風險、希望你頻繁更新最新狀況、一大早的工作狀況最好，那就要設鬧鐘早起，配合老闆的需求；如果你的老闆採放任態度、從大處著眼、著重在結果，傍晚工作的精神最好，那麼你就有好機會可以學習不同的做事風格。

## 如何跟老闆說不？

如果希望對自己的命運有點控制權，就必須能跟老闆說不，否則就只能任隨老闆的突發奇想和判斷擺布。如果你的老闆性情溫和且判斷力良好，在你跟他說不之後，自然可以進行正確的議程、處理正確的問題。不過，在漫長職涯中，跟老闆說不，並不見得一定都有好結果。向上管理是一門需要學習的藝術。

跟老闆說不，要比抗拒組織裡來自其他部門的想法更困難；對老闆視而不見當然比忽略同事更不容易。如果你和老闆關係密切，直接一點比較好——跟老闆說不，並用對方能理解的方式來解釋理由，讓老闆明白停止要求才符合他們的最佳利益。另外，在這麼做的同時，也要把繼續進行的風險和後果說清楚，並試著一起提出替代的解決方法。

採取主動會比較好，特別是當你要說的是負面訊息時，同時，不能光提出問題，也需要提供解決方案。由此可見，要對付的不只有問題本身，還有你的老闆。這裡的挑戰在於如何找出辦法拒絕，但口頭上沒有真的說不。說不的最好方式，是熱切同意老闆，然後開始展開話題，討論「怎樣規劃才能讓它順利成功」？

## 採取主動比較好，特別是要說負面訊息時。

老闆很樂意進行這樣的對話。透過適當的問題，能達成以下二者之一的結果：

一、真的規劃出成功想法。這時可默默拋棄原本的懷疑心態，接受這項挑戰。

二、老闆會發現這個構想不如預想般美妙，為你放棄這個想法。

不論是哪一個，都達成了對你有利的結果。接下來，就可以遵循規劃成功計畫的四個原則，進行後續的討論：

- 處理正確的問題。
- 找到正確的贊助者。

- 雇用正確的團隊成員。
- 按照正確的流程進行。

這是個全然正面的討論，比起直截了當和老闆說「不」的風險要降低許多。如果你有正確的問題、贊助者、團隊和流程，就是處在接受挑戰的有利位置。如果你和老闆發現不具備這些條件時，則可以透過有建設性的討論來決定要如何落實這些條件，或是另謀途徑。

## 如何向上管理不講理的老闆？

無情之人不必然是壞人。誠如前述，所有領導者在某些時刻都必須無情。對於無情的老闆，我們應該區分一下，究竟無情是他的本質，還是風格。正常來說，可以區分出兩種不同類型的無情：一種是為達成個人目標而無情的老闆，另一種則是為達成組織目標而無情的老闆。這兩種人或許都難以相處，為此最好先了解一下，和我們共事的人是哪一類型的無情。

## 如何管理著重實效、不講理的老闆？

講道理的管理者通常都易於共事。他們設定合理的目標，期待你配合流程；只要你沒亂來，一切都會沒事。至於選擇性不講理的老闆有更高的期待，他們希望你做出更多的成績；他們會對你和團隊成員施加壓力，但是他們對你如何達成目標會保持彈性。對他們而言，遵照流程做事並非優先要務，他們也比較可能原諒你偶爾的過失，只要他們認定你只需加把勁就能有頂尖績效表現。

如果你為這種類型的老闆工作，就必須遵照前面所提關於管理老闆的所有標準規則。除此之外，還需要達成更高的績效標準。這算是好消息，因為這樣可以自我驅策，使你有機會學習和成長，且通常你的老闆會給予支持。

你的挑戰在於必須做出判斷：這個老闆在分紅和晉升這些方面是否能信任。你會額外付出自主的努力，也會得到學習和成長，但你是否會得到獎勵？或是被當成理所當然？為了幫助自己做判斷，對老闆不只要聽其言，更要觀其行。**看看老闆過**

**去的成就紀錄，別光聽他嘴上怎麼說。**如果你的老闆過去在關鍵時刻支持團隊成員的成就紀錄良好，他說的話自然值得信任。反之，如果你的老闆比較在乎的是任務，而不是團隊成員，就要小心了。你也許樂於學習、願意接受鞭策，但你的職涯前途並不會因此更加光明。要隨時注意尋找能提供你更多幫助的老闆。在

| 爲了組織，追求有效的不講道理 | 爲了自我、令人痛苦的不講道理 |
|---|---|
| 大處著手，選擇性的鬥爭。 | 凡事爭鬥。 |
| 對結果毫不妥協、對手段保留彈性。 | 目的和手段都不留彈性；「不照做，就別做」。 |
| 著重業務上的要求 | 把問題和挑戰個人化。 |
| 著重在未來，創造雙贏。 | 創造卸責背鍋文化，非贏即輸。 |
| 對人們施壓，以營造機會。 | 壓垮人們，以製造恐懼。 |
| 要求全心投入，並給予回報。 | 只要求全心投入，未給予回報。 |
| 追求目標堅持到底，並高度信任。 | 隨心所欲改變計畫以符合個人需要。 |
| 對組織和自我充滿企圖心。 | 對自我充滿企圖心。 |

表 4-1：辨別你的老闆是哪一種不講理

本章稍後「職涯管理：職涯是名詞，也是動詞」的段落，針對這部分會有更詳細的介紹。

## 如何管理令人痛苦且不講理的老闆？

這類人往往是工作場所裡的權力巨頭。他們打造屬於自己的領地，如果你不是他們團隊的一分子，那麼你就是敵對陣營的人；同時如果你是團隊的一分子，就必須百分之百效忠，全心全意為權力巨頭效命。

應付這類人，最簡單的方法就是出賣靈魂給魔鬼：和權力巨頭簽下你們的約定，然後按照他們要求的方式活下去。權力的大爺們需要忠誠的僕從，如果你已經加入他們的陣營，跟隨好老大會幫助你的路走得長遠。不過，一旦簽下了契約，你必須判斷這位權力巨頭是否真的會成功，以及是否可信任。如果你認為他們不會成功、擔心他們可能棄你而去，或者無法信任他們，那麼將需要面臨一些尷尬的選擇。

短期來說，你必須忍受和魔鬼共存。然而，沒有必要讓自己陷入憤怒、挫折、憂鬱的負面情緒，因為這不僅會影響工作表現，這如惡夢般的老闆也會讓情況變得更糟，你會陷入惡性循環直到被掃地出門才會罷休。在職場上，記住你的第一目標是存活下去。

> **你的第一目標是存活下去。**

你可以設法比老闆撐得更久，或者是換取一些時間，按照你指定的要求優雅地轉換到別的老闆、部門或組織。和這類老闆共處的幾個簡單生存機制包括：

- **忠誠**：對所有管理者而言，不忠誠都是最大的罪惡，它破壞信任的關係。忠誠代表始終支持老闆，即便是他不受歡迎的決定；這也代表了不在私底下說老闆壞話，因為難聽的話終究會傳回老闆的耳裡，屆時你就完了。
- **奉承**：惡魔有強烈的自我中心，隨時需要人吹捧安撫。要讓惡魔相信你是忠實的追隨者並想了解他們的黑暗祕密，如此，在他們還沒決定甩掉你之前，應該都會好好照顧你。

- **別把它當成個人的事（別放在心上）：**不管惡魔的攻擊多麼有針對性，你都不要這樣想。專注在解決方案、行動、個人的未來，以及你和老闆關係的未來。努力不懈地樹立榜樣，設法調整惡魔老闆的議程，讓他專注在行動、解決方案和未來。
- **靜觀其變：**企業的風雲變幻非常快速，老闆很少會待超過一、兩年。從每個老闆身上你都可以學到很多，就算有的人全部是負面教材。
- **準備好逃生路線：**找到組織裡的其他贊助者，找出其他機會並在適當時機好好把握。要跟你的惡魔老闆解釋，只是想尋求個人發展的適當機會和經驗。假裝你自己很喜歡和惡魔老闆共事，你要走純粹是為了想磨練更多經驗。

## 如何跟不講理的人打交道？

組織並非一直都是快樂的大家庭（就連家人也不見得天天開心在一起），你會遇上一些同事認定政治就是在背後插刀、爭奪權位、等別人出糗，以及隨時隨地自我推銷。他們樂於欺騙別人以達到自己的目的，也因為他們經常欺騙，騙人本事會愈來愈高明，使他們看似缺乏道德感或良知——這種人是反社會人格者。雖然統計的結果不一，不過大概近五％的員工會有反社會人格的傾向，雖然這只是很小的比例，但對組織以及對你卻可能造成不成比例的影響。

當我們面對攻擊時，很容易會做出情緒性的反應，但你這麼做就輸了。如果以牙還牙攻擊他們，就等於是按照他們的條件設定進行了對抗。他們面對這種對抗比你更有經驗，所以他們終將贏得勝利。如果你躲避，則成了另一個受害者，同樣也是輸了。所以，你不能起身對戰，也不能逃，那麼，可以怎麼做？

第一步，是要控制自己的反應。記住，你永遠都可以自行選擇該如何感受和如何反應。如果有人令你感到厭煩並冒犯到你，你當然有權利憤怒不滿，但並沒有法律規定你一定要憤怒不滿——這是你所做的選擇。

如果把重點擺在他們的行為，自然難免會有情緒性的反應，因此，可以選擇把重點擺在工作的任務以及問題上。這可能會惹惱對方，因為你沒有按照他們的遊戲規則做出回應，他們希望的是讓你分心到其他議題上。如果你依舊保持正面和專業的態度，同樣會惹惱他們，因為這並不是他們樂見的反應。為此，你要做的是樹立良好的行為榜樣，並專注於真正核心的問題。這是你的專長領域，你的專業管理領域。

| | 被動的受害者 | 主動的領導者 | 咄咄逼人的<br>反社會人格者 |
|---|---|---|---|
| 特徵 | 允許他人爲你做出選擇；受抑制；被設定是輸家。 | 爲自己做出選擇；誠實；自尊自重；尋找雙贏。 | 爲他人做出選擇；不考慮他人感受、只求拉抬自我；只求自身勝利、他人的失敗。 |
| 自身感受 | 焦慮、受忽視、受操弄。 | 自信、自尊、以目標爲重。 | 高高在上、貶抑他人、控制欲。 |
| 帶給人的感受 | 罪惡感或優越感；對你感到失望。 | 受到重視和受尊敬。 | 受到羞辱和怨憤。 |
| 別人如何看待你 | 缺乏敬意；不明白你的個人立場。 | 尊重；明白你的立場。 | 復仇；恐懼；憤怒；不信任。 |
| **結果** | **成了失敗的犧牲品。** | **透過協商的雙贏。** | **以犧牲他人爲代價而贏得勝利。** |

表 4-2：面對無理之人，不同的反應方式

堅守這個原則，會讓反社會人格者無計可施。

不同的處理方式歸納在前頁表格中。無論如何要記住，你可以「選擇」自己要如何反應，所以要謹慎做出選擇。

## 如何影響組織中最高層的人？

和高層打交道，很容易出現高山症——你覺得喘不過氣、頭痛，還有嘔吐暈眩的一般症狀，而這對你的職涯可能帶來致命的後果，但其實你完全不需要經歷這類感受，只要：

- **用他們的眼光看世界：**高層人士需要你。你有一些可能會幫助到他們的構想、分析或計畫。要確認好你的想法大到足以吸引他們興趣，或至少要符合他們正在尋求的重大議程。事先要做足研究和聽取建議，例如找出他們的議程，你可以如何配合。假如你只有個如何減少迴紋針消耗量的計畫，就別期待高層人士對這樣的計畫會有太多興奮反應，他們要煩的事情可多著呢！總之，要敢於大膽嘗試。

- **要積極，甚至要熱情：**在一些組織裡，熱情被視為是種經過認證的精神失調。不過，同樣地，大部分組織和大部分的人，對具有感染力的熱情多半沒有防禦能力。如果你對自己的構想充滿熱情，其他人多半也會相信你的構想一定很棒；如果你對自己的構想沒有熱情，那就別期待別人會為了你而熱情澎湃。高層人士每天忙於處理各式問題，如果有個熱情又積極的人帶來了解決方案和想法，等於給他們帶來一股清新的空氣。人們不只從你說話的內容評斷你，也會從你的外貌和態度評斷你，所以行為跟穿著都同樣要注意。
- **扮演他們的夥伴：**行為舉止像下屬，就會被當成下屬。所有的階級制度都會被設置在猶如一留串的親子關係，這對扮演父母親角色的人當然沒問題，但成年人並不喜歡被當成小孩子看待，這也是許多工作場所失能的原因之一。你要扮演的是成年人的夥伴，你有他們所需要的某些東西。即使你是在爭取他們投資，還是有他們需要的東西；你有很棒的投資，他們很幸運你為他們帶來了機會。你並不是關係中的懇求者、供應者、下屬後輩或子女，你是他

## 仙女的出擊

我正在研究一款名為 Zest 的香皂，忙著顧自己的事情。突然，一個身影出現在我面前——原來是執行長來了。皇上出巡，他的目的是四處走走，視察一下行銷部門。他問我做得如何，我言不及義地敷衍了幾句。接著他走到旁邊隔板的位置，坐的是負責 Fairy（英文為仙女之意）洗碗精的經理。

執行長詢問 Fairy 的經理情況如何。她精神抖擻地說：「尤爾根，真高興看到你來，我正好要找人給我們計畫的新促銷案提供一些建議……」尤爾根，也就是我們的執行長，很高興能幫助這位「仙女」，因為他自己是行銷出身，樂於展現自己仍然寶刀未老。

在執行長的巡視之後，「仙女」具有爭議的促銷新計畫以創紀錄的飛快速度得到所有部門的一致通過，畢竟沒人想跟執行長唱反調。幾個月之後，我比較低調的構想仍卡在公司流程中。咱們的仙女把執行長當成夥伴，而不是老闆，且做好準備等他出現時出擊。和高層人士打交道，就要把自己當夥伴，且要隨時準備好出擊。

們的夥伴，那就要表現得像個夥伴。

- **精熟你的簡報**：把你的簡報掌握得更熟練，就會愈有自信、也愈輕鬆。所謂的精熟不只是熟習所有細節，還意味著了解高層人士真正想要的是什麼，他們心目中的大局是什麼樣子、你被擺在其中什麼位置，以及他們會問的是什麼樣的問題。他們會從大處著眼，而非細節。假如只專注於細節，你很可能會被大方向的問題給問倒了。
- **預先做好準備**：你永遠不會知道何時剛好遇上高層。當然，你也可以和他光聊天氣。不過，要是事先做了準備，就可以針對你的議程，和他們進行即興但有實質內容的討論（參見前頁方框案例）。

# 職涯管理：職涯是名詞，也是動詞

對某些人來說，職涯是名詞，其描述一段持續的進程，從滿懷期待的畢業新鮮人到退休時刻，心懷感謝的雇主送上一個馬車鐘[2]表彰你四十年來的忠誠奉獻。不過，對某些其他人而言，它則是個動詞[3]，描述你變換不同角色和雇主，如雲霄飛車般高低起伏的人生經驗——高峰時令人興奮、低谷時叫人失落，沒有退休的紀念鐘，但有滿滿的回憶。

> 職涯管理並不能取代良好的工作表現，不過是確保良好工作表現受到認可的一種方式。

不論你是選擇找一個人生事業，還是選擇橫衝直撞闖蕩人生，都需要做好管理。即使是最好的管理者，也可能把自己的職涯管理得一塌糊塗。尤其，當成就不如同事搶先一步晉升，會讓他們感到沮喪。其實，只要運用一點點PQ，就可以妥善管理你的職涯。職涯管理並不能取代良好的工作表現，不過是確保良好工作表現受到認可的一種方式。以下，整理了幾個成功管理職涯（或衝撞人生）的方式。

## 如何做好職涯管理？

- **找出自己的使命：**只有樂在其中的工作，才能有出色的表現。
- **找到對的組織：**會成功的公司，同時有好的價值觀。

2 譯注：馬車鐘（carriage clock）是一種小型、可攜式、多半有著華麗裝飾的時鐘。最初是為了有錢人家安裝在馬車上而設計，故名。不同於臺灣文化裡忌諱「送鐘」作為禮品，馬車鐘在許多地區如今仍很受歡迎，經常被當成退休紀念禮物贈送，象徵長期且成功的職業生涯。

3 譯注：英文中「職涯」career 一詞，當成動詞使用時也有「橫衝直撞」的含義。

- **找到適當的角色：**朝機會的所在而去。
- **找到對的老闆：**避開「煞星」主管。
- **找到適當的任務：**發揮你的強項。
- **建立人脈網絡：**永遠要預留一個「B計畫」。
- **持續打造技能：**永不停止學習。
- **建立名聲：**根據你的名聲來主張你的權益。
- **扮演好你的角色：**並成為不可或缺的角色。
- **掌控自己的命運：**不然命運將由別人掌控。

接下來，我們會稍加詳述上列的幾個重點。

## 找出自己的使命

管理是個辛苦的工作。偶爾它或許讓人感覺興奮、刺激，甚至驚恐，不過通常都有點乏味。遇到重大關頭時，我們都可以幾個星期、甚至幾個月維持在高標準的工作表現，但職涯是場馬拉松，不是百米衝刺。你必須維持高標準工作表現幾十年，而不是幾天；你必須不斷自主投入努力。因此，唯有享受工作、對工作樂在其中，才可能辦到這一點。

「享受」和「工作」兩個詞很少被擺在一起。教導人們工作和生活平衡的整個產業，都是建立在工作並不讓人開心、工作必須減少的預設上。你什麼時候聽過教導工作和生活平衡的大師會倡導人們多做工作呢？

所謂的享受工作，並不同於社交上的享受，前者的重點在於從工作本身找出成就感和滿足感。一個簡單的測試是觀察時間消逝的速度。當你覺得乏味無趣，會覺得度日如年；當你全神貫注在某件事情，時間過得飛快。一旦投入在你的工作中，就會開始從工作中找到意義和滿足感。這種成就感並不一定來自於你改變了世界。看看藝匠們的工作，他們往往全心投入手邊的事，外在的世界彷彿完全消失。不管你自己的使命是什麼，都要設法找到它。

我與高階主管共事和訪談時，經常會聽到他們抱怨自己工作多辛苦，要熬夜加班和風塵僕僕的出差。但這其實只是假象，實際上是他們炫耀的一種方式。你要更認真聽，就會發現他們享受工作的每一分鐘。退休才是他們最大的恐懼，因為那是他們失去意義和目的的時刻。對頂尖的運動員也是如此。他們也許會抱怨漫長、反覆且乏味的訓練，但事實上，他們在世界上沒有其他更想要做的事情。

當然，想要達到巔峰、展現最好的自己，必須付出努力。唯有你樂意去努力，才有辦法辦到。樂在其中，才可能有出色表現，所以要找到你喜歡的事。

## 找到對的組織

正如沒有所謂完美的領導，自然也沒有所謂完美的組織。你永遠需要做一些取捨，而且更麻煩的一點是，非要等到為時已晚，才會明白自己一頭栽入的是什麼大麻煩。每個雇主都希望把最好的一面展示給全世界，所以必須等到加入之後，才會發現事情的真相。另一邊山坡的草永遠看起來比較青翠，但別忘了，草最翠綠的地方，往往雨也下得特別大——你不可能二者兼顧。

知道自己要找的是什麼，有助你做出以下有利的選擇：

- 公司有前途？或者會失敗？
- 我能獲得實用的技能嗎？
- 我的成就紀錄會得到認可嗎？
- 這是適合我的公司文化嗎？

請注意，薪水並沒有列在上述清單上。如果你的職涯決定是根據明年十％的這個，或是十％的那個，那你就搞錯重點了。要考慮薪水的話，先把眼光放遠來問問自己：「我如何在（比如說）十年之內賺到這個數目的十倍？」這樣較能檢驗眼前的機會，以及該怎麼做才會成功。如果沒有實際收入增長的機會，眼前十％的加薪，其實對你並沒有太大的幫助。

## 這公司有前途？或者會失敗？

先假定你有選擇：可以加入X公司，它在一個萎縮的市場裡市占比也逐漸下滑，或者你可以加入Y公司，它在成長中的市場裡市占比也正在成長。在其他條件都相當（例如薪水）的情況下，應該不需花太多時間就可以決定要加入那家公司。**只要有成長，就有機會；只要是走下坡，就存在風險。**因此，要對公司進行策略分析：它是否擁有不公平的競爭優勢？它是否屬於成長中的產業？你必須看穿公司的公關包裝，才能對它的前景做出正確的判斷，因此要進行獨立的研究，例如：詢問曾在這家公司或這個產業裡工作過的人，關於這家公司的情況；查看產業和媒體的報導。只要願意去找，這裡頭有很多獨立的建議可供參考。

## 我能獲得實用的技能嗎？

職涯的保障已經不再是靠雇主（employer），而是靠你的就業能力（employability）來決定。如果你擁有適當的技能且能與時俱進，自然有人對你有需求，如此你的職涯也得以持續進展。反之沒有適當的技能，就只能依賴雇主的善意，那會讓你感到愈來愈不自在。

不只是要問自己：「我具有在這個組織裡成功的技能嗎？」同時也要問：「我

能否獲得開展下一階段職涯、下一次晉升的技能？」你的技能決定了你的前途，所以要確認，在當下運用既有技能的同時，也有機會發展未來的技能。

> **必須樂在工作，才會有出色的表現，所以要找到能樂在其中的工作環境。**

## 我的成就紀錄會得到認可嗎？

如果加入了「頂尖小部件」公司，為他們做了許多不錯的成績，你應該會為這番經歷感到自豪。但如果未來的雇主從沒有聽過這個「頂尖小部件」，恐怕很難說服他們相信你過去的好成績。

相對之下，如果你進入過高盛、麥肯錫、Google 或是寶僑等大公司，你的履歷表馬上會得到星號註記。你會發現很容易就可以把自己的一些小成就，推銷給未來的雇主，他們很樂意接收這些頂尖雇主留下的熠熠星光。

當然，事情也可能暗藏凶險。金牌雇主可以豐潤你的履歷表，但是一旦告別了金牌雇主，就非常難再回去了。你的籌碼只能兌換一次，所以要確認自己是在正確的時間基於正確的理由交換這個籌碼。

## 這是適合我的公司文化嗎？

股神華倫．巴菲特（Warren Buffett）曾說：「我注意到，當一個聲譽好的經理人加入一家聲譽不佳的公司，聲譽依舊維持不變的會是公司。」**不要期待你加入公司之後，會改變公司的文化。**我曾受邀加入一家充斥官僚主義的機械公司，要為他們注入一些創業文化，最終這個機械的官僚體系依舊十足官僚且如常運作。

這又回到了前面提到的樂在工作的主題：你必須樂在工作，才會有出色表現，所以要找到可以樂在其中的工作環境。這有一部分關係到工作本身，但也有一部分是關乎和你共事的是什麼類型的人。

同樣地，這時你需要做一些研究，例如，與曾在這家公司任職的人討論，了解他們的看法。不要被招募你的人輕易說動，因為他們只會把最好的一面呈現給你，即使你見的是未來的部門經理——別忘了部門經理也常來來去去。

## 找到適當的角色

很顯然，所謂適當的角色也必須讓你樂在其中且能發揮你的長處，不過這個角色也必須讓你的職涯有機會成長。這一點，會引導你朝兩個相反的方向發展：

- **朝向權力的核心：**在公司的總部，你有機會接觸到所有權力人物，讓自己被看見，但你也很難脫穎而出。權力吸引人才就像蜂蜜吸引蜜蜂一樣——你將處於激烈的競爭環境之中。
- **走往帝國的前哨：**在這裡你可以自由實驗，讓自己成長並建立聲譽。不過，必須小心翼翼，否則你會一輩子遠離權力和溝通的管道。

接著我們來看看這兩種路徑如何取捨。

## 帝國核心的權力

身處帝國核心，可提供經理人巨大的優勢，其中包括：

- 接觸到非正式的資訊和知識。
- 非正式且頻繁接觸到關鍵決策者。
- 建立一個由擁有權力的經理人所組成的延展人脈網絡。
- 搶先得知有吸引力的計畫和職位。
- 提升在高層主管面前的能見度。
- 洞察到組織真正的任務其優先順序和決策制定流程。

這些內線優勢並不是像禮物一樣打包好，在你第一天到達總部時就會送到你的辦公桌上。你必須下工夫，才能打造這些非正式的人脈網絡和知識。不過，至少你比身處帝國前哨的人們更有機會快速建構非正式的人脈網絡，他們只能為了開會或評鑑而每一季來總部一次。

然而，在總部有個辦公座位，並不一定保證成功。有一些職位的功能角色特別具有分量。從職涯的角度來看，最好是待在握有權力的單位。每家公司的權力核心各有不同，比如：

- 寶僑公司：行銷。
- 通用汽車和福特汽車：財務。
- 戴森：設計。
- 專業服務公司：客戶。
- 豐田汽車和日產汽車：工程。

在寶僑公司辛辛那提總公司的財務人員，或是福特汽車迪爾伯恩總部的行銷人員，他們雖然接近權力中心，但並不擁有權力。他們就像在第五大道盯著玻璃櫥窗看的街友一樣——他們很接近財富、看得到財富，但是接觸不到財富，這是令人挫折的體驗。權力是從做出正確職涯選擇開始。有一些組織為了培養未來的領導人才，會刻意在職涯早期就把他們安排在權力核心。例如，英國石油（BP）會挑選有高潛力的畢業新鮮人，安排在執行長辦公室工作一到兩年。在這段期間，他們將學習到組織真正的運作方式；他們會打造自己的支持和影響力網絡，同時也會開始學習高層主管的思考模式和行事風格。這些都是需要學習的寶貴課程，但是要得到這類機會並不容易。

話雖如此，嘗試接近權力核心有一個主要缺點是競爭激烈。你的同事將是你最致命的競爭對手。經理人被權力所吸引，就像飛蛾見到光一樣。隨便在任何一家企業的總部散步，都可以看到一堆經理人如飛蛾撲火般，嘗試要盡可能靠近最明亮的權力光源。不可避免地，過程中不少人將化為灰燼。稍後我們要來看，在你找到權力的來源之後，該如何獲取權力。

## 帝國前哨的權力

前往帝國外沿的前哨，感覺像是被流放而逐步朝向職涯的死亡。不小心處理，的確可能落入這種下場，但如果處理得當，帝國的前哨會是邁向成功的重要踏腳石。

帝國的前哨是好消息。中階管理者可能會迷失在總部的隔板辦公座位中，那裡有追求關注的激烈競爭。了解自己競爭策略的管理者會發現，不戰而勝是最好的方

## 日本不一樣

到日本的單程機票曾經充滿了許諾，直到我真的到達那裡，才發現這是個沒有銷售額、沒有營收、也沒有任何銷售前景的事業，但是這裡卻有一大堆要支付的帳單。在紐澤西總部沒有人對日本發生了什麼事有半點概念。我忍不住要懷疑，可能我自己也沒有半點概念。

很快地，我就明白自己有兩場仗要打：

**一、讓日本的業務開展：**找出一些營收來源，動作要快。

**二、進行認知管理：**設定期望值，想一套紐澤西老闆們會買單的故事。

故事很簡單：在日本要收購一家像樣的公司需要至少一千萬美元，外帶風險是會另外得到一些不符合我們商業模式或公司文化的東西。我們可以做得遠比這個更好：在三年的時間裡我們會打造一家符合紐澤西商業模式的公司，且它只要花六百萬美元，也就是一年兩百萬美元。

> 基於不為人知的理由，他們接受了我的這番故事。現在我們取得了許可，可以在這項業務上每年損失（抱歉，是投資）兩百萬美元。我們把期望值重新設定得很低，還把老闆們喜歡、我們也能達成目標的故事成功推銷了出去。在接下來的三年，我們累積的飛機里程數足夠讓幾家航空公司破產。認知管理和與權力核心保持聯繫都需要認真下工夫。

法：占領一個新領土（普哈拉和哈默爾所說的競爭的「空白地帶」，或者如果你是上金偉燦的課程，就是所謂的「藍海」）。基於以下幾個理由，這些外哨往往是充滿吸引力的職涯中繼站，因為：

- **提供真正運用權力的機會**：原本矩陣式組織裡受限的權責，在外哨站由真正的權力和責任取而代之。
- **提供快速的發展**：你可以進行實驗（甚至容許偶爾失敗），試著遠離總部聚光燈下的激烈競爭和流言蜚語。

- **容許你建立成就紀錄和打造信譽：**通用汽車有許多被稱為「檸檬水攤位」（lemonade stands）的小型事業單位，這些單位讓未來可能的總經理們有機會鍛鍊和展現他們的才能。
- **讓你能夠打造權力基礎；**成功的話，甚至是一個權力帝國：一個不受喜愛的實驗小組，可以很快變身成獨立的戰略性業務。IBM的個人電腦部門，對一個生產大型主機為主的組織而言簡直像是侮辱，但它很快從一個沒人愛的孤兒變成了明星單位——直到最後它才因為把自己徹底掏空而被聯想（Lenovo）所收購。

帝國最前哨的任務是一張單程票，不是通向凱旋就是悲劇。為了避免發生後者的情形，以下有三條黃金守則務必要遵守：

一、**凡事不輕信：**談判外放職位時，可能會努力協商你返回總部後的種種許諾，例如，三年後可能得到的職涯機會以及晉升，但其實這些協議都不值一分錢。在三年的時間裡，公司可能已經經歷一、兩次的重組，你所期待的空缺職務可能在某次重組中消失。此外，你的老闆也可能早就換人，而你的新老闆不覺得有特別義務要遵守自己沒做過的承諾，何況在新的組織裡也不大有實現的可能。為此，必須自己創造自己的未來，而不是依賴別人履行幾年前做的承諾。

二、**保持聯繫：**必須讓自己留在公司的雷達螢幕上。在帝國外派的前哨，你和八卦傳言、人際網絡、如流沙般來去的新機會、公司的改組和新倡議，全都斷了聯繫。人們忘了你的存在，因為他們不再在公司走廊看到你，所以，你最好有夠多理由可以回到帝國的核心，例如：出席預算會議、培訓課程以及公司的活動。自願參與公司的專案來維持能見度，能讓你有機會回到帝國的核心；與人資部門以及權力的掮客們保持聯繫，他們知道公司在什麼時候有什麼職位會出現空缺。在公司出現有吸引力的空缺時，要確保自己管理好重回企業核心的轉任事宜。

三、**認知管理：**關於帝國外哨的好消息是，在帝國的核心沒有人真的知道外哨到底發生了什麼事、原因又是什麼。當然這也是壞消息。在公司總部各部門能看到的只有數字，這些數字直接說明了你對預算造成的正負差。因此認知管理變得很重要，它同時也讓年度開始時將基準線盡可能壓低變得很重要，好讓公司各部門看到你所屬的單位帶來的正向差異。

## 找到對的老闆

職涯中大部分的痛苦，都來自於糟糕的老闆。身為企管教練，我發現許多客戶們的難題不外乎都是：如何應付有問題的老闆。同樣真實的情況是，許多人並不是想離開公司，他們想離開的其實是他們的老闆。前面已經談過如何應付糟糕的上司；然而，應付糟糕上司的最好方法，其實是自己找到一個好上司，畢竟，預防總是勝於治療。

你可以把選擇老闆的工作交給人資部門和任務分發系統的隨機選擇，也就是聽天由命希望自己好運。不過，希望並不算是方法，好運也稱不上策略。最低限度你也應該設法提高自己好運的機會。

## 如何管理跨國職涯？

1. **做好功課：**做好你的盡職調查。查找出業務的實際狀況、會和什麼人共事、將扮演什麼角色、會擁有多少預算和權責。如果你對查訪的結果並不滿意就應該談判，不然就該放棄這個機會。

2. **和家人商量：**這可能是你的偉大冒險，但是對困坐家中、無法找到工作、無法用當地語言溝通的配偶而言，恐非如此。

3. **談判：**比薪水和工作條件更重要的，是為自己在工作角色、預算、預期績效的成功預作準備。記得立場要強硬，一旦同意外調之後，你就失去所有談判的權力且背負承諾在身。

4. **不要輕信任何承諾：**在三年之內，原先的老闆可能已另有高就，公司也已經改組了兩次。你的新老闆沒有能力、可能也沒有意願去遵守他們甚至不知情的承諾。

5. **理解你的角色：**你的工作是代表跨國公司的標準、知識、專業，在當地的背景脈絡下工作，所以必須把你的全球能力嫁接到當地人的在地知識上。

六、**重新塑造自我**：在一個新的國家，你沒有過去的包袱，所以這是你進行實驗的好機會。從一開始就把握好機會，因為在一個月之內，每個人都會在新的背景下判定你是誰。你將會有一番新的樣貌。

七、**保持彈性**：你會發現不同的食物、不同的文化習慣、不同的商業慣例、不同的語言。你要走出外籍人士的同溫層，適應當地人的方式。你會學習到更多，也可能得到更多的樂趣。

八、**高度溝通**：一旦你消失在地球的另一端，就可能被遺忘，所以必須進行聲譽管理，宣傳你的工作績效，並反覆進行推銷。

九、**保持能見度**：找到說詞維持參與關係。永遠不乏一些工作群組、研發和倡議需要跨國的投入和支持。要找到機會提醒權力巨頭你仍存在，並且做出傑出的表現。

十、**尋求職務任命機會**：理論上，人資部門可以幫忙，但實際上得靠自己。你必須及早發現具有吸引力的職缺並且為這些職缺做好準備。不用懷疑，所有在總部的同事們都很高興你人不在——他們會想辦法把好位子先挑走。

## ”希望並不算是方法，好運也稱不上策略。

實際情況下，每個人都清楚糟糕的老闆是哪些人——他們名聲早已遠播。此外，你也可能認識幾個上司是你信任、願意一起共事的，因此，應該設法讓自己被選入對的團隊。

首先，要讓自己之於未來可能的好老闆顯得有用處。當老闆的永遠需要人手幫助處理可自行裁量的專案、正在研究的構想、想發表的演講，或是他們期待得到的資訊。抓出一點時間付出努力，對理想老闆正在進行的工作表達興趣，或許還可以請求他提供一點建議。和老闆積極互動，樹立傑出團隊成員的榜樣：積極、熱情、主動發想、以行動為優先，如此，他們自然會注意到你。下一回要重組團隊成員時，你的名字就會在預想名單上。

同樣地，「煞星老闆」在物色受害者時，記得模仿哈利波特披上你的隱形斗篷，讓自己變得很忙、很忙，手邊的工作讓你完全分身乏術。煞星老闆會跳過你，到別處尋找更容易下手的受害者。

你不可能永遠有如你所願的老闆，但萬一遇上糟糕的上司，也不要驚慌失措，別忘了公司不時會玩「大風吹」，沒有所謂永遠的老闆。何況，即使是糟糕的老闆，你還是有學習的機會，或許是從中學會如何處理自己不想做的事情。上司之所以成為上司，想必有一定的理由，他們必然做了一些讓組織看重的事情。能了解到這一點，對於如何獲得成功又增添了一些洞見。

## 找到適當的任務

一旦找到對的組織、角色和老闆，就已掌握了找到適當任務的原則，包括：

- 積極主動，不要等待任務分配，先找到你想做什麼。
- 和一位好老闆一起找出你會樂在其中的任務。
- 發揮你的強項，並打造新的強項。

## 泰國木薯粉測試

我被分派的任務已經接近尾聲。我小心翼翼查看接下來有哪些可能的工作。我震驚地發現，習慣把分析師生吞活剝的戴尼爾，已成功推出一個對泰國木薯粉市場進行競爭分析的企劃案。我對於用自己不懂的語言、在不熟悉的行業，進行毫不掩飾的商業間諜活動實在是興趣缺缺，而且我討厭木薯粉——我預見惡夢即將降臨，於是，我找到了另外一個沙烏地的行銷企劃案。

沙烏地阿拉伯並不是每一個人的菜，且他們也不會隨便招募人馬。不過那位專案經理很棒，於是，我對與沙烏地阿拉伯相關的任何事情立刻湧現了無窮的熱情。我幫助專案經理減輕了不少壓力，協助他起草最終的提案。與此同時，每當泰國木薯粉計畫會議召開時，我就會陷入神祕的忙碌狀態——我的貓（再一次）快要死了，或者我跟現在的客戶突然有個緊急的會議。我告訴沙烏地專案經理我想在他那邊做事。他很高興有人幫他解決了團隊成員人選的難題，我自己也很高興。

神奇的是，我真的躲過了子彈，加入了沙烏地的專案，而不是泰國木薯粉的專案。後來發生的事，讓我熱切期待泰國專案至少一如我想像的糟糕，不過，那又是另一個故事了。

最後一個原則比較棘手。任何雇主都希望你多發揮一些你最擅長的能力。我有一個團隊成員非常擅長為人壽保險公司打造IT投資的業務案例。他的表現非常傑出，協助客戶簽下了數百萬美元的投資案。於是接下來這三年，他一直為不同的客戶做同樣的工作。他建立起這方面的名聲，但他的職涯無從進展，因為他被局限在一個沒有太多人理解的專業技術裡。他開心地接受這個情況，因為他處在舒適圈裡。他知道大家都喜歡他做出來的東西，且他也不需要承擔什麼風險。

你需要發揮你的強項並建立這方面的名聲，但也需要打造未來的技能基礎。要準備好鍛鍊自己、承擔風險去嘗試新事物，否則將停滯不前。因此，接受新的工作任務時，一方面要關注眼前，同時也要放眼未來。

## 建立人脈網絡

管理已經成為二十一世紀的奴隸制度，而弔詭的地方在於我們是自願成為奴隸。在二十世紀大肆炒作的消費社會，讓我們可以全年無休在任何時間、任何地點、得到任何東西；到了二十一世紀的事實則是全年無休的管理者必須在任何時間、任何地點、做任何必須做的事情，活在永遠工作的地獄裡。我們戴上了電子枷鎖並引以為傲。管理者們彼此較勁，要看誰的枷鎖最新最好——不論是平板、電腦、網路服務、智慧手機或其他。

> ” **管理已經成爲二十一世紀的奴隸制度。**

奴隸制的終極推動者是無情的市場需求，而跟我們最切身的奴隸制推動者則是我們的老闆。我們和他們有非常不平等的關係：他們對我們很重要，我們對他們則無足輕重。假如我們氣沖沖地離開、抱怨自己被當成奴隸看待，反倒只會幫老闆打造良好形象——他們會記錄我們不適任這個工作、缺少動力、對團隊沒有實際貢獻，所以他們只好做出困難的決定讓我們離開。他們看起來像是英雄，而我們則變得一無所有。

當我們完全依賴老闆之後，等於讓自己真的成了他們的奴隸。如果他們是良性的奴隸驅使者，他們會照顧我們，確保我們得到好的工作（而不是去打掃廁所）、得到適當的獎勵，甚至或許得到晉升；如果他們是邪惡的奴隸驅使者，我們人生將悲慘無比。想要買到一點自由，得找出一些方法，讓自己不至於百分之百全憑老闆隨性的好惡。為此，我們需要一些盟友和人脈支持網絡。

終究來說，你的職涯保障不是來自你的雇主，而是來自你的就業能力。你要確保自己打造正確的技能，以及對未來有用的成就紀錄（track record）。如果你和上司之間出了問題，這就是你的B計畫。擁有適當的技能和適當的工作紀錄，如此在你的人脈裡自會有人對你有需求，或者至少他們會把你推薦給需要你的技能和工作紀錄的雇主。

## 職涯人脈網絡檢查清單

想要職涯鴻圖大展，就需要人脈支持網絡。為此，請依以下項目檢查你的職涯人脈網絡如何。

### 一、贊助者

他們在組織裡至少要比你高兩個層級。他們可能扮演關鍵角色，將你的職涯朝正確方向推一把，幫助你找到適當的職位和老闆，避免掉入職涯的陷阱。同時，在你推動議程時提供政治的支持、在你需要的時候接觸決策者。反過來說，你在組織裡要扮演他們的耳目，你也可能要主動提供支持，協助他們測試中的構想以及他們正在開展的計畫。只要你能持續為他們提供價值，他們就會幫助你，高層主管多半會欣賞對他們沒有威脅的人所帶來的活力和另類觀點。你可以讓他們成為效果良好的個人專屬教練。

## 二、情報提供者

這些人會讓你了解發生了什麼事，其中，能掌握即將出現的職務機會和任務的人，特別具有價值。人資部門有時會有一點消息，不過一般來說，消息靈通人士的人脈在正式消息公布之前就會掌握到非正式的傳聞。某一家銀行的員工會開賭盤猜測下一個被晉升或開除的人會是誰，而在人資部門知道發生什麼事情之前，賭盤就已經對未來事件做出了準確的預測。

## 三、公司以外的人

這些人可以提供的，是離開組織的逃生路線。有超過七十%的高層行政職缺是透過口碑尋找和填補的。假如你知道你可以換工作，你跟你的老闆就會有較平等的關係；反之，如果你無處可去，就只能依賴他。在投資銀行和矽谷的專業人士之所以能獲得高薪，有一部份原因是他們有很好的技能，但部分也是因為在這種「近親繁殖」的產業，他們很輕鬆就可以跳槽轉換公司。對他們現任的雇主而言，他們可不是簽了賣身契的奴工。

## 持續打造技能

我想不厭其煩地再次重複一遍：你今天需要的技能，並不是你明天需要的技能。這是基於兩個理由：

> ”你今天需要的技能，並不是你明天需要的技能。

- 第一，今天具備的所有技術性技能都有風險。隨著科技或市場的改變，所有技能都有過時的可能性。就算它們沒有過時，你也可能感受到更年輕、更飢渴、更廉價、具有同樣技能組合的人才所帶來的挑戰。你的經驗或許一時可以給你一些幫助，但競爭會變得愈來愈吃力。
- 第二，成功所需的管理技能，在組織的每個層級都有所改變（關於這點，在第五章會有詳細說明）。

短期來說，在舒適圈裡的生活風險較低。固守所知的技能，發揮你的強項就能一帆風順，但就長期來看，活在舒適圈裡卻會致命。你會發現自己在技能上走投無路，被更廉價、更年輕的技能或技術所取代。因此，要持續鞭策自己、鍛鍊自己，學習有助於打造更好未來的新技能。

## 建立名聲

我們都喜歡想像自己不同凡響。沒有太多人會承認自己的開車技術、戀愛、智慧、成就或工作上低於平均水準。在工作上，身邊都是和我們有類似能力的人。他們自認比我們優秀，而我們也自認比他們還優秀——這在邏輯上說不通，但情感上完全不可避免。

因此，你需要有些東西來證明你跟同事確實明顯不同。在人人爭取晉升的環境中，你必須在某方面特別突出。以下有三個基本方式能讓你顯得突出且聲名大噪：

- **非比尋常的成就：**你的成就必須明顯優於同事。在銷售產品或交易上，工作績效很容易衡量；反觀其他許多角色的衡量尺度則較為曖昧不清。

- **著手創辦某事：**大部分組織始終存在一些新的倡議。不是所有倡議都能成功，但它們提供了經理人建立名聲的機會，同時也能得到學習和成長。
- **著手改革某事：**經理人必須做出改變，並期待帶來改善。如不能做出改變，會讓經理人淪為文書作業人員或職務看守者。光是把職務做完並不夠，還必須展示出改進。

一旦建立起名聲，就要根據你的名聲來聲張你的權益。要是你不這麼做，會發現突然很多人冒出來，想從你的功勞裡分一杯羹。以下有幾個簡單的方式能聲張你的功勞：

- **對人們的貢獻表達祝賀和感謝：**人們都喜歡被公開表揚，所以可以盡量給予。向他們表達祝賀，等於在展示你自己的領導角色。
- **檢討學到的教訓和討論未來的挑戰：**這需要對原本倡議相當程度的了解，而真正了解的人也許只有你自己，這正好展現你對計畫的熟習掌握程度。

• **在成功基礎上維持掌控和繼續發展**：帶頭主持討論，商討如何把倡議帶入下一個階段。這可以避免一些想要搭成功順風車的人，因為這代表未來還有更多的工作（他們沒這個時間），以及對目前狀況的深入了解，而這正是他們所欠缺的。

當你和高層主管共事時，宣揚自己的成就也非常重要。給他們好印象，就是在建立自己的名聲，但如果你給他們不好的印象，你的名聲則會大打折扣。高層主管會透過與你個人相處的經驗，來評判你過去的成就紀錄。如果你留給他們好印象，他們就會朝對你有利的方向來詮釋你的成就紀錄，否則，他們可能會存疑。聽起來似乎不公平，但事實就是如此。因此必須好好運用你和高層主管有限的碰面機會。你跟他們有限的直接接觸，其影響會遠大於人資部門的正式考核評量，後者多半只是機械式的表格填寫和自我宣傳。

既然關鍵時刻如此重要，那麼在關鍵時刻到來時，要確定自己做好下列幾點：

• 不厭其煩地充分準備要向高層做的簡報，因為這是你發光發熱的機會。

## 晉升委員會：理性 vs 實際

我們面對堆積如山的晉升推薦書。大約有五十份的晉升推薦資料，每份各約四十頁。我們都清楚它們真實度就和蘇聯時代的《真理報》（*Pravda*）一樣——每份資料無不充斥各種溢美之詞。我們需要有個做決定的辦法，因為總共只有三十個晉升機會，所以這裡頭注定有超過二十個人將失望而返。我們盡可能解讀這些宣傳資料背後的真相，不過最後必然還是要回到兩個核心問題：

一、**這個人真正達成了什麼成就？**每個候選人在資格、團隊合作、智力、領導力等各項目都得到勾選，但只有一部分人具有我們所認可的真正名聲。我們不難對他們做出選擇。

二、**有誰認識這個人？**通常他們是在很短暫的互動中被認識。可能是他們做了個簡報，或是自願做了某件事。如果是正面的活動，那麼推薦信裡的讚詞就比較可信些；如果是負面的活動，我們就會用更批判的角度來解讀這些讚美。

在一個人人都看似很傑出的組織裡，這是我們從有潛力的人之中篩選出最有潛力之人的方法，雖然有時也許會搞錯，從而付出巨大的人力成本。能得到晉升的是具有高PQ的經理人，他們能建立名聲，並根據名聲主張自己的權益，且會在最短暫的接觸機會中，努力給晉升委員會的成員留下很好的印象。

- **扮演模範角色：**要積極、專業、主動。
- **尋找和高層主管積極互動的機會：**這些非正式的機會不時會出現，例如：開會前後、研討會上、用餐時間。不要躲藏，要展露自己的鋒芒。

## 扮演好你的角色

所有組織都有著部落性質，他們有自己的一套規則和禮儀，並期待所有成員遵行。這些規則在不同層級和不同部門各異，例如：銷售部門的文化通常和會計部門的文化大不相同，而新進經理人的文化也和董事會的文化不一樣。假如你要加入俱樂部，要先展示出你了解並遵守俱樂部的規則。這種部落主義是好是壞，當然可以討論，不過終究還是得面對，這代表你的表現必須得體。

行為舉止要表現得體，必須兼顧形式和內容。說到底，你必須歸納出自己的規則。有些地方仍相信要成功就必須冒險犯難，也有些地方幾乎把破牛仔褲和T恤當成制服。這些規則往往很怪異，但輕忽它們可能會讓你倒大楣。

以下是一些常見的規則，有助於你在多數地方表現得體並扮演好自己的角色。

一、**建立標準**：扮演其他人的榜樣；以你期待他人表現的方式行事。

二、**保持正面態度**：愈是困難的情況，愈要保持積極、自信、支持的態度。相對於那些陷入負面情緒、相互指責、無所行動的人，你會顯得與眾不同。

三、**要積極**：在別人發現問題時找出解決方案，坐而言不如起而行，要比別人多走一里路。

四、**贏得尊重**：你不需要受人喜愛，但必須受人尊重和信任。永遠要說到做到，誠實為先。

五、**保持警醒**：不要做傻事、散布流言、說人壞話、背叛他人的信任、酗酒、遺失機密資料或縱情於「有礙事業發展的行為」（career-limiting moves，簡稱 CLMs）。

六、**服裝打扮要得體**：別人不該用外貌來評斷你，但他們偏偏會這麼做。觀察一下高你兩個階層的人是如何穿著打扮，那是你要仿效的標準。

七、**善用禮節**：己所不欲勿施於人，別人令你不快的習慣，自己也應該避免。

八、**要做夥伴，不要做僕從**：如果舉止像個菜鳥，就會被當成菜鳥對待。你並不是奴隸，你是專業人士。

九、**追隨榜樣**：如果有欣賞的對象，就仿效他們的作為。

十、**遵循規則**：這也包括要知道什麼時候該打破規則。

## 掌控自己的命運

諾爾・提奇（Noel Tichy）和史崔佛・薛曼（Stratford Sherman）合著的《掌控

你的命運，不然別人會代你掌控》（*Control Your Destiny or Someone Else Will*；繁體中文版書名為《奇異傳奇》）是一本你用不著去讀的最佳書籍。因為光看書名，就已經讀完這本書的最重要訊息——其他的只是細節。

然而，這就是職涯管理的根本真理。我們必須掌控自己的命運，即使有些時候很不容易做到。如果職涯出了差錯，一般人很容易怪罪上司的惡行惡狀，或對自己時運不濟感到憤怒。這些是人生逆境，每個人在特定時間點難免會遇上。如果想知道誰該為你的命運負責，請照照鏡子。

職涯對你而言可能是名詞，也可能是動詞；不管是哪一種，都要設法讓自己盡情去發揮。

# 依賽局的規矩玩遊戲：管理政治

組織裡的政治，往往被視為失能管理者在玩的失能賽局。這種觀點通常沒有錯，但是所有組織都少不了政治，因此，**如果把政治技能運用得當，就可以透過其他人和其他部門讓事情實現**——政治成為延展權力和能力的方式。然而，就如電影《星際大戰》的原力一樣，政治這個力量有好的一面，也有黑暗的一面。

在這節，我們要探討管理者可以玩的政治賽局，並說明每種賽局的用途。本書要強調的是有建設性的政治賽局。政治的黑暗面，或許確實威力強大，但它非常危險，往往會讓整體組織付出昂貴代價。以下要討論三種主要類型的政治賽局：

- 輸贏的賽局（win ／ lose games）
- 表相的賽局（appearances games）
- 績效的賽局（performance games）

## 輸贏的賽局

這是卑劣人物玩的卑劣政治。這種只講究輸贏的政客，其典型作為包括：

- 把任何跟他們有點關聯的事歸功於自己。
- 一出現差錯就忙著找戰犯指責他人。
- 散播同事的不利流言。

加入這種人的賽局也許很誘人，但你要抗拒這種誘惑，否則將會：

- 快速招來敵人，並失去盟友。
- 當你扭曲自己真正做出的成績時，將失去可信度和信任。

假如你遇上卑劣的政客，千萬不要落入他們的遊戲規則，因為你很可能會敗下陣來。與此相對，要採取另一套政客們贏不了的遊戲規則：

- **樹立專業和正面的榜樣：**不要捲入誰在什麼時候做了什麼事的公開爭執，否則你看起來就和你想打敗的政客沒什麼兩樣。

- **專注在做出真正的工作績效，而非急著邀功**：當某件事做出了成績時，要慷慨讚賞所有幫助你的人。給予人們讚賞，等於是宣告自己是工作成功的核心角色，同時你展現的慷慨大度會幫你爭取到盟友。
- **專注於建立可靠盟友的網絡**：他們是會幫助你的人，而你也必須幫助他們做為回報。不要和只求輸贏的政客正面衝突。他們樂於爭鬥，且他們往往會取勝，因為他們有豐富的鬥爭經驗。

## 表相的賽局

維持表面形象是組織生活的常態，它可能有必要、無關緊要，或甚至危險。在經濟衰退時，表相的賽局往往進入白熱化，因為：人人都努力讓自己看起來不錯，以避免成了被裁撤的對象。以下介紹幾個表相賽局及其價值：

- **爭取曝光賽局❶**：第一個爭取曝光的招數是「即使無工作可做，也要加班到很晚」。這套構想是在公司裡待得跟同事一樣晚，且比老闆更晚，好讓自己顯得忙碌、忠誠、投入工作。至於「在家工作」模式的做法，是在非正常上班時間收發電子郵件。這對追求生活和工作平衡而言並不是好事，而且或多或少是在浪費時間。不過，在一些組織，爭取曝光是一種必要之惡。在最極端的情況下，有些高層主管甚至為了爭取曝光，在長途飛行出差之後，會在幾乎沒有睡眠的情況下，直接進入十二個小時的繁重會議。研究顯示，睡眠不足對反應時間造成的影響和喝醉酒一樣嚴重，但喝醉酒會被開除，而忍受時差的高層主管卻被當成英雄。這類的行為根本毫無道理，不過你只能忍受它，除非能找到更理想的組織。

- **爭取曝光賽局❷**：第二種爭取曝光的招數是每當有公司的大人物出席會議，就設法取得參與會議的邀請。這不只讓出席者有跟同事炫耀的機會，也可讓他們更有機會認識大老闆、了解他們的議程和作風。不過，在會議室最外緣、張著大眼沉默不語的資淺經理人不大可能留給大老闆什麼印象。如果想在會議提供任何意見，就放膽說出來，不然，就只是在浪費自己的時間。

• **爭取曝光賽局❸：**這是外套留在辦公室椅背上過夜的把戲，製造你一直在場的假象，雖然實際上你人可能正在酒吧借酒澆愁。然而一旦這種技倆被識破，你的可信度也就沒了，同時還會成為上司們的笑柄。如果你沉溺在這種把戲，就別被抓到。另一個比較安全的做法是在每晚上床前檢查並回覆電子郵件（最好不是在酒吧度過漫漫長夜之後），電子郵件上的時間戳記，會讓老闆對你留下認真工作的印象。

• **掛病號賽局：**這是流行的把戲，且出奇地有效。如果你罹患了嚴重的流行性感冒但仍出現在辦公室，然後把病毒傳染給了你討厭的同事或上司，你在下午就會被請回家休養。幾個月之後，假如你想請病假，可以直接打電話給辦公室說你生病了，這時大家都會相信你，因為從上次流感的經驗他們已經知道，你會想盡辦法來上班。然而，如果你是一個有責任感的經理人，這絕對不是你該耍的手段，特別是在經歷過這次疫情之後，拿同事的健康和性命開玩笑絕不是什麼好事。

• **裝扮賽局：**人要衣裝，佛要金裝，用外表來評斷人聽起來有點傻，卻是事實，因此你要善用這一點來取勝。如果你的穿著舉止像個流浪漢，就會被當成流浪漢看待；如果你的穿著舉止像是比你高出兩個層級的人士，就有機會被人認真看待，即便同儕們會對你嗤之以鼻。假如想要加入高階經理人的俱樂部，就要觀察他們的規則和儀式，並應用到自己身上。

## 績效的賽局

績效賽局在組織生活中是政治必需品。如果想在組織中獲得進展，有四場必要的戰鬥必須進行：

- **預算戰**：你可能被鼓勵去接受具有挑戰性的緊繃預算。人們可能為了逞英雄、賭一口氣，就接受了這樣的挑戰，如此一來，換來的可能是一整年的加班勞累、焦慮，並因為目標設定過高而出現績效不良的情況。與此相對，比較好的辦法是花一、兩個月努力爭取合理的預算，設定一個你可能會超出預期而不是低於預期的目標。

- **基準線戰（baseline battle）**：它們和預算戰有密切的關聯，關乎期望值的設定。在開始一個新職位或新任務時，要把期待設低一些。要讓大家知道你接手時的情況接近於災難。如果你的說法得到大家的接受，只要沒有災難性的結果，就已經算有進步了。你的前任可能會描繪成功就在眼前的美好前景，但要做到這樣的期待幾乎是不可能。一般新上任執行長的標準做法，是設定低的基準線和低的期望目標。
- **員工之爭**：一流的團隊做事舉重若輕；二流的團隊帶來的則是加班、不符績效的表現標準和許多無眠的夜晚。要努力把最好的人才招募到你的團隊和專案裡。人資部門會想辦法把一些沒有經驗的新人、失敗過給予二次機會的員工，以及無處可去的人塞給你。話雖如此，你想要的人很可能大家也都搶著要，無法從官方管道爭取到人。你要花時間努力爭取他們，在人員分配流程中設法運作，把他們帶進你的團隊。在這方面投資時間，會帶給你好幾倍的回報。
- **晉升和分紅之爭**：忠誠是雙向的。你理所當然會期待你的團隊忠誠和投入工作，同樣地，你的團隊也期待你在晉升和分紅能兌現承諾。無可避免地，晉升和分紅永遠不可能滿足公司所有的人。ＰＱ較低的經理人因理解這一點而做出妥協，以至於讓團隊成員大感失望。你必須為團隊成員盡全力去爭取，畢竟頂尖人才想要找到能真正照顧他們的上司——頂尖人才可以幫你達成目標，條件是你也要幫忙達成他們的目標。

# 取得和運用影響力：做個受信賴的管理者

PQ的核心是關於影響力的概念。影響力讓你得以延伸在正式權限範圍之外的權力，從而可以藉此駕馭同事的力量來完成任務，實現更多成就。

**”有影響力的管理者，也會是受信賴的管理者。**

影響力不只取決於你做了什麼，同時也關乎你是怎麼做的——你的行為會讓你的影響力增加或減低。在職場上，身邊就有許多影響力的指南，看看誰有超乎本身領域的影響力、看看他們如何行為表現和展開行動，他們是你遵循的榜樣。

在影響力顯而易見的規則背後，有個更深層的規則：有影響力的管理者，同時也會是一個受信賴的管理者。換個方式來說，如果沒有人信任你，很難有影響力；沒有信賴，就沒有人想和你共事，即便他們偶爾必須和你共事。**信任是影響力的貨幣——得到愈多的信賴，影響力也隨之增加。**

然而，影響力並不是受歡迎的程度。如果想大受歡迎，你就會變得軟弱，一旦軟弱，就會做不該做的承諾、接受藉口、避免正面衝突。如此為之短期之內，可能會受人歡迎，但長期而言，會變得軟弱且無足輕重。受信賴和受到尊重，要遠比受人歡迎更好，這是全世界所有政客都感到困擾的課題。

摧毀信賴感最好的辦法就是四處跟人家說：「相信我……」，你無法要求人信任你，而是必須「打造」信用。以下是思考如何建立信賴的簡單方式，用一個等式來表達：

$$t = \frac{a \times c}{r}$$

t ＝信任（trust）
a ＝一致性（alignment）
c ＝可信度（credibility）
r ＝風險（risk）

那麼要如何應用這個等式呢？

## 一致性

所謂的一致性，包括個人和專業層面的：我們彼此是否有相似的價值觀，以及我們是否有相似的目標？

我們信任和我們類似的人。這對於多樣性不是好消息，但這是人的天性。職場上，有些人和你相像是因為他們來自類似的背景、有相似的品味、年齡相仿、相同性別和種族，和這樣的人很容易建立起關係。

如果發現有人來自和你完全不同的背景，要找到共鳴就困難許多，不過，你還是有辦法幫幫自己和他們——花時間去傾聽，聽他們談論最喜歡的主題，最重要的是：關於他們自己。光是傾聽，就有助彼此關係的建立。當所有人都只忙著關心自己時，有人願意聽你說想說的話、對你的故事感興趣，會帶來受寵若驚的喜悅。除此之外，聆聽也會提供你有價值的資訊，讓你知道你們可能有哪些共同的興趣或經驗。當你發現彼此有比原先預期還要多的共同處，就會開始發現某種程度的一致性，如此一來，就建立了相互信賴的第一步了。

找到專業的一致性也需要細心地聆聽。來自不同部門的同事觀看世界的方式和你不一樣。行銷、財務、營運、IT都有不同的觀點，你需要花時間去理解他們的議程和局限，如此一來才能與他們協調彼此的議程。如果光是四處大聲嚷嚷，說自己的議程多重要、有哪些需求，會發現自己莫名其妙被擠到排隊人龍的最後面。

## 可信度

一致性是好的，但還不夠。和朋友一起出去時，我們的共同利益有相當多的一致性，但朋友是否都能成為好同事則是另外一個問題——我們必須知道，我們是否能仰賴他們達成任務。

所謂的可信度指的是言行一致。在這個方面，大部分人會忿忿不平地回答：「當然，我一直都是說到做到，你該不會是暗示我不守信用吧，是嗎？」當然，如果同事沒有兌現對你的承諾，你一定會清楚記得，而我們也都是別人的同事。但事實是有些時候，我們根本就沒有發現原來自己並沒有兌現承諾。

我們沒有兌現承諾時，永遠都找得到理由。或許是其他人害我們辦不到，例如：零件沒有送到、我們需要的分析報告太晚送來、裡頭的資料不夠完整。在我們的念頭裡，這樣並不算沒兌現承諾，而是其他人沒兌現承諾，我們是因為他們的能力不足而成了受害者。不過那些認為我們沒有兌現承諾的人心裡，我們才是能力不足而做不到承諾的人。他們才不管我們的藉口，他們只知道我們失敗了。

接下來，還有關於期待的問題。在管理上，有幾個最危險的用詞是：「我希望……我會嘗試……我打算……我可能會……我們可以……我們也許會……」。在我們心裡會覺得自己並沒有做出任何承諾，只是說出我們希望或正在努力的方向。但是你說出口的東西，跟別人耳朵裡聽到的東西卻完全不一樣。他們聽到的是：「我將會……」一日後，當你說你已經試過了，別人心裡想的是：「你失敗了。」

這說明了可信度來自兩個部分。第一個比較明顯的是，你必須做到承諾。說到卻沒有做到等於摧毀了可信度。可信度就像花瓶，打破了就很難再拼回來了。至於藉口，就像拿透明膠帶修補明朝瓷器一樣沒有說服力。

可信度另一個較不明顯的部分則和期待有關。在設定期待時必須非常清楚，但這不是容易的事，因為人的本性就是想討好人。在那個當下，你可能用了「我希望……我會嘗試……」這類的字眼。要是你注意到你口中說出了這些字詞，自己先檢查一下，問問自己為什麼對兌現承諾存有懷疑。接著用清楚的方式解釋你的疑問和條件。一開始就先把醜話說在前頭，把期待設定清楚，要比事後找藉口好得多，屆時要解釋會更麻煩。

## 風險

信賴並不是像電燈開關一樣非有即無。我們對其他人的信賴有程度之別——你或許信賴街上的陌生人幫忙你指路，但把畢生積蓄交給路上的陌生人保管則不是很明智。在工作場合也是如此，所以必須一步一步贏得信賴。先在小事上證明你能兌現承諾，慢慢地就會深受信賴而委以更重的責任。

處理風險的另一個辦法是設法降低風險。如果想接手一個有風險的專案，先減低外界對它認知上的風險，例如：把它拆分成小片段，對每個步驟進行清晰的評估。也許整個專案無法完全託付給你，但其中的小步驟卻會交付給你負責。

你的信賴網絡是重要的資產，能讓你在職場成為有效的管理者。在變換雇主時，會發現這項資產的重要性。你會在突然之間發現自己沒有任何人脈網絡，不知道該找誰來推動事情進展；你沒有成效紀錄，必須重頭開始贏得信賴和尊重，這是非常辛苦的工作。

影響力和信賴感是隱性優勢，這也讓兩者的威力顯得更加強大。你的同事會發現你更有效能，但是卻不大明白何以如此。它們是實用的PQ工具，因此要設法去打造並妥善運用這套工具。

# 第五章 管理商數的技能

## 管理職涯之旅

管理是一門藝術——不只過去是如此，未來也會如此。永遠沒有科學公式可以像$E = mc^2$解開物理學祕密一樣，揭開管理學的祕密。如果單一的方程式存在，人人都可得到，那麼大家就會一起陷入競爭僵局，因為所有人應用的都是同樣的管理公式。幸運的是，我們有各式各樣的人、有各自不同的情況、不同的行動，同時世界也不斷變動。

有一百萬種成功之道，同樣也有一百萬種失敗的方法，但這讓管理成為了挑戰，如此一來每位管理者都必須學習自身的生存和成功法則。任何書籍或課程能夠提供給管理者的，只是多一點想法、一些不同的觀點，以及少數可以嘗試的工具和技巧。

**”有一百萬種成功之道，**

**同樣也有一百萬種失敗的方法。**

每個人都將打造他們獨特版本的管理商數（management quotient，簡稱MQ）。每位管理者的成功方程式就和他們的DNA或指紋一樣，獨一無二。然而，不同於DNA，這個成功方程式在人生旅程中會不斷變化。成功的管理者就像蝴蝶一樣——你始終還是你，但在職涯旅程的每個階段都會出現劇烈的轉型，就如同卵、毛毛蟲、蛹和蝴蝶的轉變一樣，你會從團隊成員變成團隊領導者，從中階管理者成為最高層的管理者。

本書在前面幾章已經闡述了成功管理者要具備的DNA，這些在你的整個旅程中都是保持穩定不變。接下來，本章要說明的是你在每個階段必須完成的轉型，唯有轉型，才能向前進展，道理就是這麼簡單。

在這一章，我們不只會告訴你成功需要什麼樣的轉型，也要告訴你如何學習和發展自身獨特的成功方程式。

# 管理職涯旅程：四十五年的規劃藍圖

不是所有管理者的職涯發展路徑都是一樣的。身為管理者，你的角色在職涯過程會出現劇烈改變，從管理一個五人團隊，到管理數十個國家、有數千名員工的全球供應鏈，每個階段的管理方法都不相同。同時，存活和成功的規則也會不斷變化，這表示你必須持續改變和成長。你的挑戰在於，沒有說明手冊來告訴你這些規則如何變化。就過去歷史來看，管理者必須自己想出一套辦法，但大多數人都未能成功。為此，本章要闡述成功的不成文規則，讓你明白如何管理你的領導之旅。

表5-1歸納出管理之旅的本質，每一個轉型和階段我們都會詳細探討。現在你應該注意到，你的旅程有一些持續不變的主題。成功，需要反覆不斷的自我發明。在上個角色行之有效的方法，在下一個角色不見得會奏效。不要成為成功的囚徒，而是要持續改變、持續成長和持續學習，好好享受這個旅程。

| 領導層級 | 管理自我：新員工 | 一線管理：管理他人 | 中層管理：管理管理者 | 高階管理：管理有損益關係的事業 |
| --- | --- | --- | --- | --- |
| **時間跨度** | 一天或一週。 | 一週到一季。 | 一季到一年。 | 超過一年。 |
| **主要任務** | 操作：品質、速度、技能、工作計畫。 | 管理：指導、激勵、績效管理、授權。 | 優化：改善運作方式。 | 整合和改革。 |
| **應重視的對象** | 自己。 | 你的團隊。 | 其他職能部門。 | 員工支持。 |
| **財務技能** | （不適用） | 成本管理。 | 預算管理：協商和控制。 | 損益管理：創造收入、成本分配。 |
| **陷阱和挑戰** | 厭倦：枯燥、乏味的工作。 | 不改變遊戲規則。 | 不進行政治管理。 | 從「冒牌者症候群」到狂妄自大。 |

表 5-1：管理者的領導之旅

> **在上個角色行之有效的方法，在下一個角色不見得會奏效。**

- **所掌控和職責的歧異性都會持續升高：**隨著有了更多的控制權，你也有更多的選擇和機會。你從原本接受議程，變成要創造議程。
- **職涯開始時，本職專業的重要性已經降低：**與此相對，你必須熟悉和人打交道的藝術以及政治。你會發現不同類型的人對你變得更有價值。在職涯早期，財務和行政人員往往被當成是愛跟你唱反調的敵人，但後來他們會成為你秩序和控制的重要守護者。
- **時間跨度擴大了：**管理者的手表有三根針：時針、分針和秒針。身為團隊的成員，關注的是秒針——今天和這個星期；身為中層管理者，還必須關注分針——在下一季或下一年，你要帶領團隊往何處去；身為高層管理者，必須同時關注這三根針，並且時針是關於你要在未來五年打算把公司帶往何處的策略。

- **財務技能變得更加重要：**從管理簡單的預算到管理複雜的損益計算，你必須具備財經知識才能生存。

最佳的管理者理解這趟旅程，也了解每個層級的不同視角。身為新進管理者，必須了解高層管理者的議程和優先要務，因此要用他們的語言來溝通、努力做好他們所關切的工作。身為高層管理者，必須記得團隊成員的視角，並把宏大的願景轉譯成具體概念，讓他們能夠理解和著手進行。

你要運用這套路線圖來指導其他管理者。如果你是資深經理人，當你見到新進經理人陷入困境，這份路線圖或許能為你說明原因。新進的經理人未必是糟糕的管理者，也許只是需要有人協助他們勝任新角色。另外，每個層級都存在著它的陷阱，不過最大的陷阱是自己未能做出即時調整。另外，你不只要提升技能，還要改變自己的心態。

表5-1勾勒出的是許多人四十五年的職涯之旅：從二十二歲畢業、開始工作，到

六十七歲進入美好的退休生活。這是好消息，代表中間你有很多時間去學習和發展成功所需的技能，但你很可能把注意力放在錯誤的地方，尤其是在職涯一開始，每一次的加薪和每一次的升職都很容易被賦予不符比例的重要性。如果有正確的時間觀，就可以把注意力放在正確的事物上。

你更願意談判的是十％的加薪？還是增加十倍的薪水？的確，接下一些辛苦的任務，談妥十％的加薪在今年看起來很不錯，但若是要討論增加十倍的薪水，需要討論的則是長期職涯中，你需要哪些適當的經驗、適當的訓練以及適當的支持。**你能做的最好投資，就是投資你自己。**

要掌握這四十五年的路線圖，我們需要更詳細的地圖，來告訴我們在旅程各個階段會發生什麼事，這也是本章接下來要談論的重點。

# 挺身而上：偶然初次上任的經理人

初次上任的經理人通常是意料之外的經理人——之所以得到任命是因為有職缺需要馬上填補，而他們正好看起來前途無量。然而這時，沒有人提供過任何管理上的訓練，就被預期要知道一些根本未曾真正見過的規則，以及具備一些不曾訓練過的技能。你是意外的經理人，因為你的任命是偶然的意外，而你自己也是被預期會出事的意外。所以，你的第一個管理角色，有可能是場殘酷的學習體驗。

失敗的主因源於你的成功。成功的詛咒讓許多由團隊成員擢升為前線管理者的人，在碰到第一個障礙時倒地——這是「更衣室領導者」（leader in the locker room）[1]會有的問題。好的美式足球員被拔升為球隊教練，他身為球員成功之處是他勤於跑動、認真攻防、不斷得分。在升職之後，他在成功的基礎上再接再厲，他

1 譯注：通常是指球隊裡實力、資歷兼具，具有領導魅力的球員，類似中文裡球隊精神領袖的意思。

跑得更勤、更拚命地攔阻和傳接。接著他就被開除了，他既憤怒又迷惑——到底出了什麼錯？

球隊教練的工作並不是要跑動最多、做出最多的攔阻和傳球。教練的工作是選出好的隊伍、發展球員、設定戰術，然後負責在場邊揮舞手臂。這是截然不同的工作，也解釋了為何許多最優秀的球員成了糟糕的教練，而許多優秀的教練則是二流的替補球員。運動場上如此，商場上也是；初次上任經理會面臨許多改變，你過去成功的方式，並不等於在

| 管理自我 | 管理他人 |
| --- | --- |
| 這件事我要怎麼做？ | 這件事可以交給誰做？ |
| 達成工作績效。 | 管理他人的工作績效。 |
| 接受回饋和採取行動。 | 提供回饋。 |
| 尋求方向和支持。 | 給予方向和支持。 |
| 接受挑戰。 | 委派任務。 |
| 保持正面態度。 | 扮演其他人的榜樣。 |
| 爲明確的目標工作。 | 管理模糊性和改革。 |

表 5-2：初次上任的挑戰

將來也會成功的方式。

表5-2總結了第一次升任管理職務會遇到的挑戰。從表中能發現，我們必須隨著第一次的晉升進行自我改造。緊守過去的成功方程式並不安全，甚至對職涯發展而言是一種自爆行為。基本上，挺身而上的挑戰就在於改變你和同事的關係。

## 改變你和同事的關係

關鍵的轉換在於從「怎麼做」變成「誰來做」。身為第一線員工，你遇到的每個挑戰都少不了「我要怎麼做」的問題。然而管理思維完全不一樣，你不該問「怎麼做」，而是必須問「誰能做」。

從「怎麼做」轉變為「誰來做」會啟動一連串的其他變化。你不再只是管理自己的工作績效，而是要管理其他人的工作績效。這表示你提供回饋，而不只是接受回饋；你要提供方向和支持，而不光是接受方向和支持；你要學習分派任務這個重要技能。許多第一線的領導者覺得委派任務是個難題（詳見第三章「授權：做得愈少就做得愈好」），因為他們已經習慣了信任自己。最典型的錯誤就是把所有例行的瑣碎雜務交代出去，讓自己負責最困難的挑戰。這會讓團隊失去努力的動機；他們無法從中得到成長，同時對你的工作帶來巨大的壓力。如果你無法信任團隊、不敢把艱難的任務交付給他們，那你應該要找個新的團隊，要不然，就是團隊該去找個新的管理者。

**❞你不再只是管理自己的工作績效，而是要管理其他人的工作績效。**

身為新任管理者，你所有的關係都會有劇烈變化。這可能不容易調適，其中，面臨最艱難的挑戰是必須去管理以下三種尷尬類型的人：

- 前團隊成員，他們可能已成為你的朋友。

- 比較年長的同事，感覺起來像是要管理你的父母。
- 專業和具高度技術的人員不喜歡被管，甚至可能自認比你更勝任此工作。

初次成為管理者的人，往往若不是渴望同時受到這三個群體的歡迎，便會淪為如同匈奴王阿提拉（Attila the Hun）一樣的暴君，實施命令和恐怖的統治。領導統御真正管用的方式既非愛也非恐懼，而是信任和尊重。身為新任管理者，你必須靠自己贏得信任和尊重的權利。關於這一點，我們在第四章末尾已充分詳述。

無論如何，要適應這些新的關係必須採用新的思維。若以階層從屬關係的角度來思考，對上述幾個棘手群體的關係毫無幫助。你的前團隊成員會憎恨你、專業人士會積極或消極地抵制你，而比你年長的同事，如果他們願意，他們要計謀的本事絕對不會輸給你。與此相對，你必須爭取他們支持你，但不能示弱，或是只為了受到歡迎而討好他們。

調整的方法是把每個人都視為團隊裡的一員——實際上也確實如此。做為一個團隊，每個人都有各自不同、有價值的角色要扮演。身為管理者，你跟其他團隊成員不同之處僅在於你有不同的任務：你要確定方向、管理目標、按照需求委派工作。這種思考方式代表你不需要去叨念指揮團隊，也不需要跟他們成為朋友，需要的只是讓大家一起工作，把任務完成。一旦了解自己身為管理者的角色重點，就可以委派其他的一切工作。

你不需要告訴專業人員和年長的同事要做什麼，相反地，你可以詢問他們專業的建議來應付每一次的挑戰。身為管理者，你不需要是辦公室裡最聰明的那個人，但必須把最聰明的人找進辦公室，好好利用他們的智慧。

無可避免地，專業人士有時候會有不同的意見。然而即使發生這種情況，也無需扮演無所不知的先知，親自解決所有棘手的難題。身為管理者，你可以召集所有最聰明的腦袋，來找出最好的解決方案。

**最優秀的新進管理者，會找出無為而治的精妙技藝**。他們會鼓勵團隊成員尋求解決方案和接受挑戰。專業人員會樂於承擔壓力、接受挑戰和得到信任；年長的一代則會感激自己得到重視和信任。大部分的人都想把工作做好，所以就放手讓他們去做吧！管得愈少，往往能管理得愈好。

## 進入發展階段：中層領導

悄悄跟你說，當一個執行長要比當中層管理者容易多了；中層管理，是管理中最困難的角色。在底層管理比較容易，在上層管理也比較容易——關於這一點，甚至過去也比現在容易。現在就來看看它困難的原因，接著說明如何在中層管理中存活並出人頭地。

首先，應該先了解一下中層管理是什麼，因為它涵蓋了很大的角色和職級範圍。擔任第一線的管理者所管理的是團隊成員，而當你開始管理管理者時，就成了中層管理者。管理管理者是很不一樣的任務。一些比較明顯的差異在於：

- 管理者期待你給予更多的自主性及更少的控制。為此必須能夠放手，並知道如何在例外的基礎上進行管理。
- 管理者重視的不是你的技術專業，而是你協助他們推動議程，以及保護他們團隊成員的能力。

- 你離每日例行作業又遠了一步，因此必須把重心放在長期而言如何做出改革。也就是說，讓機器運作良好還不夠，還必須有辦法改良機器。
- 資源管理和財務方面的素養成了關鍵技能。
- 你必須和高層的想法和策略進行互動，並對他們的想法產生影響。
- 你必須在組織中打造信賴和影響力的人脈網絡，以推動和成就工作；你的同事是為了有限的資源與你進行合作和競爭，所以必須學習掌握建設性的政治藝術。

上述的一切似乎都清楚明白，不過即使這些改變顯而易見，仍足以讓一些晉升的人失足犯錯。生存和成功的法則在這裡同樣又悄悄改變了。除非你能解讀形勢、順應風向，否則就可能落入麻煩。你必須熟習於預算、會計、策略和影響力，也必須和人資、IT、法律和其他部門專家進行明智的談話。

你已經不再是管理一個狹隘的職能專業——你正開始走向總體管理的旅程，這表示要快速學習範圍廣泛的新技能。

> 除非你能解讀形勢、順應風向，否則就可能落入麻煩。

然而，個人的重新改造還不只限於學習新的技能，同時還會發現工作的本質出現改變。你也因此會發現，不管在哪一個公司，中層管理都是最困難的角色，且它比過去還更困難。次頁表5-3歸納了不同階段在工作本質上的改變有哪些。

中層管理結合了高層管理和第一線管理最困難的部分。在職涯一開始，你沒有太多的自主性，差不多就是按照指示聽命行事。這樣的工作也許辛苦，但至少清楚知道要做什麼，具有明確性。到了高層，一切都不一樣了。你有非常高的自主性。你不需要接受議程，但必須創造議程。隨著自主性而來的是更多的責任和模糊性。工作的優先順序需要有所取捨，這在你做出釐清之前並不會清楚。

高層管理的模糊性，以及初階管理者缺乏掌控力的這兩種情況，在中層管理階段都會被極大化。處在中層，你要面對彼此互相競爭的優先事項；新冒出來的倡議和構想，永遠會超出你所能控制的範圍，同時還要應付日常管理中的雜音。你並不能完全掌控自己的命運，因為議程並非由你設定，同時也必須依賴你的同事來推動讓事情實現。

在這種高度模糊、競爭、充滿政治算計的環境下，你必須學好PQ的藝術，這是第四章的主題。政客們把政治弄成了骯髒的詞，但其實它是相當重要的技能。**運用政治能讓組織為你工作，而不是你來為組織工作；它讓你成為機器的主人，而不致淪為機器的奴隸。**在

| | 剛進入職場 | 中層領導 | 高層領導 |
|---|---|---|---|
| 自主性 | 低：聽命行事。 | 低：在夾縫中生存。 | 高：可決定如何行動。 |
| 角色明確性 | 高：目標清楚。 | 低：來自公司各部門許多相互衝突的要求。 | 低：高度的彈性和模糊性；要創造自認爲適合的角色。 |
| 資源 | 清楚的資源，長時間的工時。 | 要求經常習慣性的超出資源。 | 高，並且是高度的掌控。 |
| 權威 | 低度責任與低的權力相符。 | 責任經常超出權力範圍。 | 高度責任與高的權力相符。 |

表 5-3：中層管理的挑戰

一個責任分散的世界裡，它是唯一推動工作實現的方法。要做到這一點，並不僅止是學習一套新技能，同時也是學習一套新的思維，如表5-4所示。

身為中層管理者，要想存活下去就必須調適和演化。不過許多時候，光是存活還不夠。當公司重新改組時，中層管理者也是風險最高的一群人。大部分的人事改組少不了中層管理人員的大洗牌，這被許多高層當成是「春季大掃除」的最理想機會。為了人員的重新配置，他們必須清除掉一些非必要的

| 管理他人：前線領導力 | 管理一個部門、數個團隊 |
|---|---|
| 管理第一線工作者。 | 管理管理者。 |
| 著重讓個人順利工作。 | 著重讓組織順利運作。 |
| 與人打交道。 | 與政治打交道。 |
| 針對事件做出回應。 | 計畫未來。 |
| 維持今天的工作績效。 | 改革，優化未來工作的模式。 |
| 著重在今天與這個星期。 | 著重在未來。 |
| 管理活動。 | 管理活動和資源 |

表 5-4：中層管理者應發展的技能和思維

冗員，意思指的可能就是你。中層管理者往往被當成昂貴的消耗品，因為永遠有更年輕、更廉價的管理者可擢升來取代你的位子。

## 身爲中層管理者，要想存活就必須調適和演化。

任何金字塔型公司的無情邏輯，決定了你活在一個「不晉升，就淘汰」的世界——最後不是升官，就是被開除，而這一點對中層管理者而言尤其殘酷。入門階級的職員永遠可以選擇重新來過，或是去念個MBA。至於高層管理者，要不已經有財富的保障，就是有很高的能見度了，可以遊走於其他領域。

反觀處在中間的你，沒辦法重頭來過，相對於人家有財富的安全保障，你有的是養活家人的不安全感，同時也沒有什麼能見度可以輕易跳槽到其他公司。是誰說在頂端的人很辛苦？在中間的人更辛苦！話雖如此，你有以下三個方式來應付中層管理的存活挑戰：（一）爭取晉升；（二）存活；（三）脫逃。

接下來，我們來談談這三個選項背後的意涵。

## 爭取晉升

A計畫是認知到職場「不晉升，就淘汰」的本質。為此，與其以中層管理者的身分求生存，不如設法逃出中層管理，直奔高層管理。當然，說比做容易，因為你身邊絕對不乏同樣有才能且同樣努力的同事，他們也一樣和你爭取有限的晉升機會。不過，以下有幾個做法能讓你提高勝算：

- 加入成長非常快速的公司或部門，會有比較多的晉升機會。
- 建立一個傳遍整個公司、讓執行長得到共鳴的名聲。
- 著手進行在公司高層非常有可見度的議程，並且對來自公司高層任何追逐一時流行、思慮不周的倡議一律表達熱切支持。自願主持可能會為你帶來名聲的倡議，例如，主持某個由執行長提出的倡議，會是一個好的開始。

- 在公司的高層建立支持人脈和盟友。利用他們做為你的情報網，幫助你避開問題、發現機會，並為你進行訊息傳播的管理。
- 把自己放在任何重組或改革倡議的核心，好比想辦法讓自己參與各種改組人事的決策流程。這或許意味著你要善待公司的顧問，因為執行長通常會聽從他們的意見。

## 存活

從長遠來看，這是最困難的選項。你待在這個職位愈久，愈會被認為是停滯不前；你會被當成無用的冗員，雖然這對你未必公平。這種認知或許是錯誤的，但這種認知所帶來的後果卻是千真萬確的——你已經被放進預備開除的死亡名單，尤其如果你的薪資逐年些微增加，更容易被當成坐領高薪的冗員。

和晉升的選項一樣，對此，你必須讓自己顯得不可或缺。但不同於晉升的選項，部門經理很少具備這樣的條件。它比較可能出現在人事或技術領域，他們的深度專業和對公司的知識會得到高度重視。

**不過光是不可或缺還不夠，還必須是「看起來」不可或缺。**和晉升的選項一樣，這代表著要培養你在高層的人脈。隨著時間的轉移，你也會認知到支持和培養後進人才的必要性。當他們超越你晉升上位，他們會記得一路走來，誰曾是他們的朋友和支持者。你可以成為對他們而言不具威脅性的可靠顧問。

最終說起來，存活仍取決高層管理者的個人好惡。許多中層管理者太晚才發現「靠山山倒，靠人人倒」的道理。忠誠度禁不起以下兩個嚴峻的測試：

- 個人的利害優先於你的利害；他們的存活也優先於你的存活。
- 公司的存活，比你的個人存活更加重要。

改編一下電影《華爾街》（*Wall Street*）裡的臺詞：「你想要忠誠度，就買條狗吧！」中層管理者滿肚子苦水，發現被自己信賴和依靠的人拋棄的例子不可勝數。為此，絕對不要只依賴一個人，永遠都要有替代方案，要有「逃生路線」。

## 脫逃

就算你從來都用不到，但預先規劃一條逃生路線還是非常要緊。少了逃生路線，會發現自己無能為力，只能依賴別人；有了逃生路線，就知道自己不是別無選擇，這會讓自己在目前的角色上，行事更有勇氣和信心。與此同時，還會帶來一個怪異的效果：降低了需要使用到逃生路線的可能性。原則上，這種逃生路線有兩種類型。

首先，你可以脫逃到另一家公司裡相同或類似的角色。如第四章在「職涯管理：職涯是名詞，也是動詞」中提到的，雖然別人家的草地總是更加青翠，但最青翠的草地雨也下得最大。換到別家公司雖然解決了眼前危機，但並沒有解決長期的存活挑戰。你可以藉由打造公司之外的人脈網絡來準備這條逃生路線。你所從事的專業領域中，光是因為同事們在不同公司之間來來去去，人們很可能早就彼此認識，所以可以花點時間來培養你的人脈網絡。根據 LinkedIn 在二〇一六年的研究顯示，高達八十五%的工作是透過人脈網絡找到的，而不是透過正式的求職工具。

其次，要擁有工作之外的人生。**如果你是為了工作而活，且是靠工作應付生活**

**上的開支，那你就成了公司的奴隸**。你可以藉由工作之外的興趣和選擇來解放自己，這些興趣可以是透過創業實踐經濟價值的活動。你會發現，創業是實現職涯跳躍的單行道，一旦你嚐到了為自己工作的恐懼和自由，幾乎就不可能再退回到企業的大機器裡為你可能不喜歡、不信任或不敬重的人工作。大部分的人發現，當他們為自己工作時，他們是為某個他們所喜愛、信任和敬重的人工作。

## 中層管理本質的改變

中層管理顯示了過去一個世代，管理本質的改變有多麼巨大。一場革命已經發生，舊式管理的老衛兵不只是站在歷史錯誤的一邊，也躲到了防禦壁壘錯誤的一面。最早的管理原則源自於軍隊，它是動態環境中對人群進行大規模管理唯一的好例子。大型公司就像是大型部隊，有將領和各種軍官領導的部門，他們運用策略包抄和消滅競爭對手，當然前提是前線知道要從何處下手。這是一套男性的語言，講的是關於指揮和控制的男性世界。

中層的管理者就像中階軍官，他們的工作是在階級體系中向下傳遞命令，以及向上回報資訊。他們只有有限的自主裁量權，且被期待必須跟高層立場一致。不過，他們可以進入軍官餐廳；他們有專屬的餐具、自己的停車位，也許還可以進入鄉村俱樂部，端茶小姐可能會過來幫忙倒茶，而無視身邊比較低階的職員——他們成了俱樂部的會員。

任何一個中層管理者，要是認定他們的工作就是在階級體制中向下傳遞命令、向上傳達資訊，其命運應該就會像端茶小姐一樣——被時代所淘汰。現在，中層管理的各種福利早就沒了。相對來說，中層管理者如今有更多的自主性和責任，但也有更大的模糊空間；他們既沒有前線管理的確定性，也沒有高層管理的掌控權。

困在中層管理地獄裡更讓人受不了的，是你看得到、聞得到，甚至摸得到上層管理者的天堂，只要到了他們那邊，你的權力、控制力和獎勵將會有巨幅的增長。無怪乎中層管理階段被稱為「妄想區」（paranoia zone）。

# 攀登高峰：高層管理

高層管理是關乎管理的責任範圍，而不在管理的規模大小。一旦你負責管理整個公司、承擔公司損益的責任，你就是頂層的管理者——你是公司的一國之君，這表示即使你經營的公司只有十個人，也是高層管理者。你的挑戰，本質上和全球大企業的執行長一樣，即便彼此的規模不同。

登上頂峰是個巨大轉變，就如莎士比亞筆下放蕩不羈的哈爾王子在父親死後成為亨利五世國王。他的酒伴福斯塔夫欣喜不已，因為他的發財日到了，他最好的夥伴成了國王，在新國王的庇護下，如今一國的財富將供他取用。至少這是福斯塔夫看到哈爾，向這位新國王致敬時心裡的念頭。但是，哈爾並不是用浪蕩王子的身分回應他，而是用新國王亨利五世的身分回應他：

> 「我不認識你，老頭兒。不要以為我還跟從前一樣，
> 我已經丟棄了過去的我。」
>
> 《亨利五世》（*Henry IV*）（下篇），第五幕，第五景

接著亨利五世還跟福斯塔夫保證他死期將至，會有個悲慘結局。亨利五世知道攀登高峰意味著個人徹底的改頭換面，過去任何的友誼和結盟都已不再相關。這對福斯塔夫而言很殘酷，它就和莎士比亞其他劇本的血腥結局一樣令人震驚。

當你攀登高峰，要記得「不要以為你還跟從前一樣」，而且要準備「丟棄過去的你」。原則上，當攀登高峰之後，以下三件事會徹底改變：

- 你在公司裡的關係，本質會出現改變。
- 你必須取得掌控。
- 不論是好是壞，你會成為一個榜樣。

## 你在公司裡的關係，本質會出現改變

常有人說高處不勝寒，但在某種程度上，這是胡說八道。看看那些頂層管理者的工作方式，哪一個不是不停地找人見面。問題顯然不在於高處的孤單苦寒，問題似乎是缺乏個人時間可以思考。

不過，在人群之中感覺寂寞是有可能的，搭火車的通勤族應該很有體會。身為高層管理者，感覺孤單是因為你沒有能完全信任的人。你發現每個人都是有求於你，例如：他們想要你支持某個新想法、他們想要多一點的預算、他們想要你同意某個交易、他們想在新一輪成本削減中稍稍得到解脫。每一次的討論都有附帶的意圖。沒有人是因你個人而想跟你建立關係，都是衝著你的地位、權勢、庇護贊助而與你建立關係。

**❞身爲高層管理者，之所以感覺孤單是因爲沒有能完全信任的人。**

這可能讓人感到非常不安。經過二十年的努力一步一步往上爬，你已經習慣同事們挑戰你的構想、打擊你、質問你。但成了高層管理者之後，突然之間，大家覺得你的笑話特別好笑、你的判斷完美無瑕；你跑出一個未臻成熟的想法，結果發現有人消失兩個禮拜只為了設法實現你的構想。在整個公司，你發現很多事快速動了起來，「因為這是老闆要的」。你搔搔腦袋，想不透到底是誰認為這是你要的。最終你發現，如今對於自己說話的內容跟對象，都必須格外小心。

無可避免地，會發現自己和團隊之間有了距離。你必須維持客觀，不想要和你的高層團隊有類似福斯塔夫那樣的關係。但另外一個問題出現了：究竟你能跟誰老實坦白說出心底的想法。大部分高層管理者會找出幾個他們可以信任的人，這些人身處於公司權力結構之外，也沒有他們個人想要推動的議程。這些人或許包括外部的企業教練、家庭成員或是在財務、人資、規劃等不同部門能夠信任的資深職員。不管是什麼樣的人，你都要把他們找出來，好分攤你肩頭上的負擔。

## 你必須取得掌控

在最頂峰時，你不再接受議程，而是要創造議程；你不需要把你的議程納入公司的整體議程中，而是要打造出議程讓其他所有人來跟隨、配合。然而，伴隨掌控而來的是模糊性，因為沒有人會規範你什麼能做或什麼不能做。

誠如我們在第四章所見，取得掌控權事關重大，但同時也絕非易事。你具有這樣的職位不代表你就有這樣的權力。如果無法取得控制，就會留下「權力真空」而由其他人來填補。每個公司裡的權力巨頭都很樂意推動他們自己的議程；你可能因為批准、更改或駁回所有交到你手上的提案，而產生大權在握的幻覺。但是這種掌控虛幻不實，因為你只是被動回應。要想真正取得掌控，必須主動去推動自己的議程，讓權力巨頭們必須做出回應。換言之，**要取得控制，就必須採取主動，而不能被動回應。**

透過清晰的議程來獲得控制權，這聽起來應該很熟悉。我們在第四章討論過理念的力量，你要透過理念以取得控制。不過要取得完全的掌控，需要的不只是一個了不起的構想，還需要有正確的人和正確的資金，而這就是你取得掌控公式的三部分——以ＩＰＭ三個字首代表：

- 構想（Idea）

• 人才（**People**）
• 資金（**Money**）

一旦你有了大的構想，就需要找到對的人，把他們放到對的位置。這是展現你不留情面的時刻——公司的存活必須優先於個人的存活。如果有人待在錯誤的位置，就要把他移到正確的地方。就合理性而言，你希望由正確的人來做出對的事；就政治而言，在改組過程中調整高層團隊，以展示出你不畏懼做出行動，如此一來會鞏固你的權力。況且，如果有人不合符公司未來的需要，你也必須拿出勇氣來行動——把他們移出去。

當你的構想和人才就位之後，就要來擔心資金的問題。即使身為高層管理者，你還是有你的老闆需要報告；可能是要跟董事會報告，或者是要跟經營集團企業的更高層管理者做報告。不論是哪一種，最終都會發現他們會從財務的角度來評斷你的成敗。你的願景和團隊的好壞，最終還是取決於目標是否能達成。

在實務上，如果有正確的構想和正確的團隊，那麼財務的成果自然應該水到渠成。如果財務的回報不佳，那可能是你的構想不好，或者是團隊欠佳。唯一的另一個可能性，是公司的高層管理者選錯了人。在董事會決定更換高層管理者之前，隨時要密切注意你的財務表現。

## 不論是好是壞，你會成為一個榜樣

回想一下所有你共事過的高層管理者，他們讓你牢記的事情是什麼？有很大可能，你不會記得他們曾英勇提高了六．八％的預算，但是你對他們是什麼樣的為人，應該會有鮮明的記憶。有些人帶來的是愉快的回憶，有些人則否；所以說，你會如何被人記住，又希望人家怎樣記住你呢？

在任何公司的初階職位上，不難找到對管理階層忿懟懷疑、喜歡流傳同事和顧客的八卦笑話、遇事不順就憤怒挫折的人。這類行為，凡人在所難免，但人們可不會期待高層有這樣的表現。身為高層，你必須戴上領導統御的面具、你必須成為其他人想要追隨的榜樣，同時你也希望他們追隨你。

你的做事方式會在整個公司得到呼應和擴大。如果你的道德標準很低，公司的其他人也會有樣學樣；如果你在出問題時顧著找代罪羔羊，那就別驚訝公司會出現互相指責的政治文化；如果你堅持要人們提供解決方案，而不是提出問題，就可以預期問題全部會隱藏在你背後，直到它們演變成危機爆發，威脅到公司的生存。總之，如果想知道公司文化從何而來，先照照鏡子就知道了。

**”如果你的道德標準很低，其他人也會有樣學樣。**

然而這一切並不是說你必須變成你以外的人，那是不可能的。意思是，你要發揮你的強項，減少暴露你的弱點——你要成為最好的自己。

攀登頂峰除了前述提到的三大挑戰外，還有個很多人都會犯的致命錯誤，那就是：不敢挺身踏出第一步。如果你不努力往上爬，永遠也不知道自己辦不辦得到；

你不去發問，就不會得到答案。以下我們歸納出幾個人們之所以不願嘗試的原因：

- 偏好待在相對較舒適的中層管理。
- 不認為自己已經準備好攀登高峰，也不想驅策自己。
- 不知道如何爭取高層的職位。

如果你對是否要力爭上游有所猶豫，可以好好檢討一下原因何在。以下要說明這些障礙的背後因素。

## 偏好待在相對較舒適的中層管理

在某些行業，最頂端的職務看起來像是「職業自殺」。例如在英國，職業足球領隊的平均職業壽命是一．二三年。球團老闆會根據幾場球賽的輸贏就開除領隊，然後再聘用一個被別的球隊開除的領隊。這種有如走馬燈的換人方式帶來娛樂十足的新聞題材，但並不能帶來穩定的管理工作。這也難怪許多職業運動員寧可擔任評論員，或置身幕後去指導特別技能或青年隊。

學校也有同樣的問題。如果身為校長，你的學校成績不良，督察機關給予不良的評等，董事會就會把你開除，但這只是問題的開始。不同於職業足球的領隊，如果你經歷過失敗，就很難再回到校長的職位；相較之下，這時只當部門主任似乎更有吸引力。

## 不認為自己已經準備好攀登高峰，也不想驅策自己

你是哪一種類型的人？

- 你有信心可以在角色中，學習到如何做好高層職位。當你自認為這個工作已經準備好五十％，你就開始申請。成功了當然很棒，如果不成功，至少你得到了運作這個流程的經驗，同時也有機會讓獵人頭公司認識你。任何關於你失敗原因的回饋，都只說明了評選委員不明白自己錯過了什麼。
- 你認為如果要在新職務有成功的表現，必須先做好八十～九十％的準備才能提出申請。如果失敗了，就好好聽取回饋，針對自己的缺點來加強，好讓自己將來得到任命時更有把握把工作做好。

在此存在著一些性別的偏見。一般而言，男性比較多是第一類型的人，他們憑著一套說服人的本事升上最高層的位子。第二個類型的人似乎比較老實一些，但是這也意味著你更可能被不是那麼適合但比你更有企圖心的候選者推擠到一旁。

記住，**若想得到高層的職位，就必須努力去申請，然後一而再、再而三地申請。**如果想等待人們把高層職位交到你手上，那就有得等了。

## 不知道如何爭取高層的職位

剛踏入職場時，晉升方法明白易懂。你努力工作，達成公司為你設定的目標，然後當人資的機器開始行動，憑著好運氣或好實力，你的名字會出現在晉升名單中。規則很清楚，程序也很透明。但是，隨著你變得更資深，模糊性也變高了。沒有人為你取得高層職位設定明確的期待。規則不只不清楚，也沒有明文律定，甚至還會隨時改變。

任命某人擔任高層職位時，委任委員會看的不只是某人是否具有領導特質，他們找尋的人，是要解決他們認定公司所面臨的問題。如果公司正面臨成本的危機，他們就會想找個刪減成本的專家；如果公司要拓展到全球，他們則想找國際化的主管；如果問題在行銷和策略，他們會希望有人提供清晰的前進路線。這意味著如果想要爭取高層職位，就必須展現具有解決高層問題的能力，而這些問題或許連他們自己都不曾明白說出或理解。

這代表你必須設想你可以成功的情境條件。它不一定存在於你目前待的公司裡。如果你是個聰明的行銷人員，但你的公司面臨成本的挑戰，那麼不論你多麼優秀，都不適合接任高層職位。

總之，要想在高層職位得到成功，要順應情勢，並隨時做好準備。

## 獲得MQ（管理商數）：如何學習成功

管理者在成為管理者的過程中，幾乎沒有得到什麼幫助。學校完全不會教政治技能，情緒技能方面也是少得可憐。我們可以說，他們教的也正好是錯誤的知識技能，因為他們要求學生自己一個人研究，對已有答案的預設問題做出理性的回答。任何一個管理者若想自力研究，對預設好的問題做出理性的回答，那麼他的管理職涯恐怕也做不長了。

> 管理者在成為管理者的過程中，幾乎沒有得到什麼幫助。

學校（包括商學院）是負責教授顯性知識的行業，當中的問題在於他們從未教我們如何思考。他們可以教我們數學、英文、物理和複式記帳法，但思考並沒有被當成是一門學科。它的假設是，如果我們會代數、會寫文法正確的句子，我們就能夠有效地思考。然而，從日常生活中的證據顯示，這種假設是錯誤的。在街頭靠耍刀子解決紛爭的叛逆青年，跟只能靠訴諸權威來解決爭議、充滿戒心的管理者屬同一類人——他們都缺乏心智訓練，無法了解如何有效解決日常的歧見。

這個問題延續到了組織內部。在我的工作坊，我採訪過數以千名的管理者，請他們從下列選項中，選出他們學習管理技能最寶貴的兩個資源為何：

- 書籍
- 課程
- 同儕
- 老闆
- 榜樣
- 經驗

大約九十九％的回答者沒有提到書籍或課程。唯一真的重視書本價值的，是唯一一位沒有從大學畢業的人。這暗示了整個領導和管理發展的產業，因為缺乏相關性正面臨消失的危機。身為管理學書籍的作者，這真是個嚴重的壞消息。我們目前的挑戰，是要讓寫出來的每一本書都有相關性、可讀性，以及實用性。

在找出如何幫人們發展他們的MQ（管理商數）之前，應該先來看看現今的努力為何會失敗。許多組織在技術性的技能上提供很好的專業發展，協助人們學習產業上的職業技能，可能是法律、會計、期貨交期、工程或會計。不過，當我們談到學習IQ、EQ和PQ，一些原本可能的參與者會突然發現當天他們有別的事要忙。英國人力資源協會（The Chartered Institute of Personnel and Development）發現最常用的藉口包括：

- 他們太忙於工作。
- 家庭或個人事務。
- 參與的動機不足。
- 部門管理者的抗拒心態。
- 工作中缺乏學習文化。

在我看來，這些藉口需要稍加轉譯：

- 他們太忙於工作＝不是優先事項。
- 家庭或個人事務＝不是優先事項。
- 參與的動機不足＝不是優先事項。
- 部門管理者的抗拒心態＝不是老闆的優先事項。
- 工作中缺乏學習文化＝不是任何人的優先事項。

**沒時間的眞正意思從來就不是沒時間，而是其缺乏優先性。**

沒時間的意思從來就不是沒時間，它真正的意思是缺乏優先性。同樣這些人，如果安排他們跟自己最喜歡的電影或運動明星來場火熱約會，再送給他們一百萬元，我想有很大的機會他們會排除萬難，從忙碌的行程中撥空赴約。管理訓練之所以不像火熱約會外加一百萬元那般有吸引力，至少基於兩個原因：

- 從參與者的觀點來看，大部分的管理訓練課程都不是非常好。
- 參與訓練課程表示參與者欠缺這方面的技能，等同於他們有弱點，很少人會樂於承認自己有弱點。

從我的工作坊所得到的回應顯示，大部分的管理者從同儕、老闆、榜樣和經驗中學習。這對多數人而言合情合理。我們看到某人把事情搞砸，自然會小心提醒自己別踩上同樣的地雷；見到有人把某件事處理得乾淨俐落，也會暗自記下來設法借用同樣的手法。一點又一點，我們苦苦懇求或借或偷，從我們遭逢的人與事取得一些管理的DNA，如此一來我們打造了屬於自己獨特的管理DNA，它決定了在大多數的管理情境下我們的行為方式。

獲得管理DNA的這個過程非常有效。我們學的並不是在一般情況下應該有用的理論知識，而是在特定行業裡實務上有用的方法。投資銀行學習去愛上風險，但對公家機關的人來說，風險則像是讓超人失去超能力的氪星石，他們會想盡一切辦法把它排除掉。銀行家和公務員學習到相反的教訓，但兩者學到的都是正確的東西。在實務上有效，永遠更勝於在理論上應該有效——實踐永遠勝過理論。不過隨機打造個人化的管理DNA也有其黑暗面，它所帶來的三個主要問題包括：

- 錯誤的經驗。
- 錯誤的榜樣。
- 錯誤的情境脈絡。

如果管理者是從榜樣和經驗裡學習，重點在於他學的必須是「正確的榜樣」和「正確的經驗」。假如他們找到的是糟糕的榜樣和糟糕的經驗，他們學到的就會是糟糕的教訓。在每個組織都有幾個惡名遠播的老闆——人們不得不為他們工作，很少人真的心甘情願。此外，也有些惡夢般的任務，幾乎一經手就很難全身而退。

隨機從經驗中學習，可能帶你進入管理的天堂，也可能送進管理的地獄，這取決於管理者在他們旅程中碰到的是什麼樣的人和什麼樣的事。所以，發展管理商數

（MQ）應該要有更好的方法。

這本書幫助你為管理之旅擬定架構並加快速度。與其從隨機的經驗中學習，這本書給你一套你所需要的框架，讓你理解所見、體驗和學習的內容是什麼。對能力不佳的管理者，框架就像監牢一樣，他們漫不經心地套用同樣的公式，毫不考慮環境的因素。他們是流程的囚徒，框架則是他們牢房的牆壁。與此相對，對強大的管理者而言，框架讓你的經驗曲線得以更快速上升。**好的框架是思考的輔助工具，而不是思考的替代物。**

## 學習如何學習：隱形的成功方程式

你真正想要學的東西如下，但它從來不存於學術文獻，也沒有任何訓練課程可以提供：

- 如何管理我的老闆？
- 什麼時候應該挺身而出，何時又該退讓？

- 該承受多少風險？在什麼時候？
- 如何處理令人尷尬的團隊成員？
- 如何處理此刻當下的危機？

即便這些問題有答案，也是隨著情境脈絡而異，包括：你同事們的特質、你的角色、公司和國家的文化，都會使答案產生變化。本書介紹一些供你研究的想法，不過最後還是得創造自己的成功方程式。這是一個大好的消息，因為你不用遵照某種抽象、普遍且可以被機器人複製的理論。但同時這也是個壞消息，因為你要自己去找答案，你必須去管理你自己的學習旅程。如果能夠做到，你將發現成功的祕訣，且它會是永遠的祕密，因為沒有其他人可以複製你的公式，他們也只能創造他們自己的公式。

關於找出成功方程式的一些說明，已經在第三章「管好心態：管理思維」有所介紹。你必須使用的兩個關鍵問題是WWW和EBI。這兩個問題能幫助你從最低限度的經驗中，取得最大的學習效果。我們再複習一次，這兩個問題是：

• WWW：做對了什麼？（What went well?）

• EBI：換這樣做會更好（Even better if…）

在開完會走到走廊上時，或是兩個電話之間去茶水間拿杯咖啡時，不妨拿這兩個問題問問自己。這兩個問題不管在成功或挫敗時，都能幫助你學習。WWW幫助你掌控成功之處，讓你可以繼續如法炮製；EBI幫助你找出新的方法來應付困難的情況。使用WWW和EBI不只是從自己的經驗學習，同時也能從你的同事身上學習：觀察他們做對了什麼（WWW），以及哪些事可以做得更好（EBI）。

WWW和EBI有助創造出針對你自身情境的成功祕方，它或許理論上付之闕如，實務上卻極有價值。藉著從經驗中持續學習，你會發現自己很快就超越同儕了。

# MQ的運用：善用與濫用

MQ是個簡單的框架，幫助你理解自己和同事的管理潛能。它把管理拆解成一組每個人都能學會的技能，而這是管理者要透過他人讓事情實現所必需的技能。

以下是一個簡單的評估工具，可用來檢驗自己和你的同事。它追蹤了每一章所概述的技能，讓你在有必要時，可以參考相關的章節。

你能否誠實回答，目前你具備了多少技能呢？

## 理性管理技能——處理問題、任務和金錢

一、**以終為始**：理解自己和他人的期望結果，藉著專注於結果來簡化問題，朝著目標努力。

二、**達成結果**：對什麼時刻可以達成什麼樣的目標設定清楚的期待；承擔責

任，建立明確的名聲。

三、**做出決策：**學習業務的有效做法和失敗之處（獲得商業意識和直覺），並以行動為先。

四、**解決問題：**專注於可行的解決方案，而不是完美的解決方案。透過他人解決問題，建立他們對解決方案的認同和支持。

五、**戰略思考：**了解高層管理的優先事項，協調個人與整體業務議程一致。

六、**設定預算：**對上級要設定符合現實的預期，對下級要驅策達成有挑戰性的期望。管理預算週期的政治因素。

七、**管理預算：**及早設定期待值，以免出現令人不快的意外。分階段支出，確保在年初就進行必要的投資。

八、**管理成本：**為年底的緊縮做好準備，了解成本中的可能浪費之處，對任何的預算修正進行有效率的談判。

九、**駕馭試算表：**了解業務的重要數字，持續用這些數字來測試和挑戰假設。

十、**了解手上的數字：**了解如何使用數字來說服他人，並利用驗證過程建立對某個案例的認同和支持。

## 情緒管理技能——與人打交道

一、**激勵他人：**對團隊成員表現真實的關切，創造出樂意的追隨者。

二、**影響和說服人：**努力傾聽，理解他人的議程，並將組織中不同議程調準以建立同盟來支持行動。

三、**擔任教練：**協助他人發現適合他們的方式，理解到不同的人有不同的成功方式，不把自己的行事風格強加在其他人身上。

四、**委派任務：**委派例行公事之外，也要委派有意義、有挑戰性的任務。設定明確且有一致性的期待，不要推諉責任給下屬。

五、**處理衝突：**設法化解衝突，而非激化衝突，認清哪些是值得進行的戰鬥，避免無事生非。

六、**提供非正式的回饋：**提供即時、正面的回饋以協助團隊成員發展，把問題導向解決方案和實際行動。

**七、有效運用時間：**必須要有清楚的短程、中程、長程目標和優先要務，不要在毫無必要的情況下偏離目標；專注在成果，而不是活動本身。

**八、注意自身心態：**要注意激勵自己的是什麼事，如何去影響他人，以及如何調整自己去適應不同的情況和不同的人。

**九、找到你的表現區（performance zone）：**即使在逆境，也要保有對事件的掌控。充分休息和放鬆，同時也要持續反省、學習和成長。

**十、學習正確的行為方式：**以身作則，展現出組織最重視的價值，始終展現積極、專業和以人為本的態度。

## 政治管理技能——取得權力讓事情實現

**一、找出權力來源：**了解如何在組織中具備價值，並取得讓自己具有價值的能力和權力。

二、**取得權力：**建立名聲並充分運用你的名聲。主動尋求爭取適當的機會，不要坐待別人來徵詢。

三、**建立權力網絡：**與關鍵的權力中間人建立同盟，尋求可增進長期職涯發展的職位。

四、**使用權力：**尋求權力不是為了地位，而是為了在更大的舞臺達成更多成就的機會。把重點放在貢獻，而不是獎勵。

五、**不講理的管理藝術：**要知道何時以及如何進行戰鬥，驅策他人超越原本的舒適圈。

六、**懂得跟老闆說不：**找出正面的替代方案，運用巧妙的問題讓老闆改變主意，而不是直接跟老闆說不。

七、**權力和誠信：**即使是在尷尬的情況下，也要用誠實建立信賴，同時始終要信守承諾。

八、**掌控局勢：**對於什麼事重要、哪些事必須改變和如何改變，具備清晰且有說服力的願景。

**九、改革管理：**把重點放在建立和維持政治同盟來支持改革，關注利益、商業案例、行動和結果，而非關注問題本身。要把人當成重點，而不是專案項目本身。

**十、人與改革：**妥善管理個人在變革過程中的痛苦和情緒。

上述的這些技能，許多都不存在於正式的評量系統，也因為如此，正式的評量系統常成為使人感到挫折的來源。它沒辦法幫助我們了解要成為有效的管理者，真正重要的關鍵是什麼。雖然管理無處不在，但很少有人敢為管理下定義，甚至更少人願意教管理學。你可能學會了會計、財經、行銷，但仍不知道如何去管理。這本書（以及上面的評估工具）有助於你穿越噪音，理解每個想在實務上取得成功的管理者，所需要的關鍵技能和干預手段有哪些。

# 解碼成功的方程式

英國歌手佛萊迪．墨裘瑞（Freddie Mercury）和《皇后合唱團》（Queen）在一九八九年發行了他們的《奇蹟》（*The Miracle*）專輯，唱著「我要它的全部，我現在就要」（I want it all and I want it now）。如今的我們，想要更多，還要更快拿到，這對專賣萬靈丹的現代江湖術士來說，是大好消息。只不過現代人比較講究一些，把萬靈丹改稱做另類療法、整體療法，或者在商場上，把稱呼改做再造工程、核心競爭力、價值創新和價值共創。我們學會了這些詞，吞下了萬靈丹……，但什麼事都沒發生。

> ❞如今的我們，想要更多，還要更快拿到。

人們和企業聽信江湖術士這套說詞，已不只幾十年而是幾千年了。我們距離殺羊獻祭諸神的年代已經很遙遠，但我們還是想要「奇蹟」。話雖如此，對管理者的好消息是，沒有神奇的五天課程，能讓心灰意冷的員工變成傑出的經理人；也不存在一天只需花五分鐘的成功術，即使它承諾無效就退錢。缺乏讓管理者成功的快速、普遍公式其實是個好消息，這是基於至少以下三個理由：

- 如果有即時奏效的公式，那大家都會有，如此一來你對其他管理者來說，毫無競爭優勢，只能等著下一個即刻奏效的公式才有機會脫穎而出。
- 如果管理有單一公式，就會變成一件無聊的事，讓你可以日復一日，漫不經心地應用同樣的公式。有些時候，簡單的方式的確比充滿刺激的危機管理更受歡迎，但很少人會想要用同樣方式做同樣的事，而且一做就超過四十年。
- 如果有個單一公式，我們應該都像被洗腦的殭屍一樣遵從它。有些管理者的行為表現確實已經像是被洗腦的殭屍，其他人則珍惜自己生而為人的身分，努力發揮自己的優點，並小心避開（非常少且次要的）弱點。

因此，我們必須打造自己的成功方程式。我們從經驗，和他人身上觀察、聆聽、學習，從其他所有人身上複製、竊取和採納一點點的管理DNA。我們仿效自己喜歡的事物，並設法避免重蹈別人的覆轍，因為用不著複製他人的錯誤，我們自己就有足夠多的創意方法犯錯。最終，我們打造出自己獨特的管理DNA，它在我們所屬的獨特環境下運作。

最後，完美的管理者就和完美的掠食者一樣不可能存在，我們和北極熊或獅子一樣，都需要找到適合自己的環境。隨著我們展開各自的管理之旅，我們一路上需要一些東西幫助我們。這本書，或是其他任何一本書，都不可能假裝提供一體適用的方案、解決所有的管理挑戰，但是，如果能明智的運用，它能幫助你加速從經驗中學習，也因此加速你通往成功的旅程。

本書並沒有為成功提供一體適用的公式，但它比公式還要更好，它有助你解碼你獨特的成功公式。不論你走的是什麼樣的旅程，盡情享受吧！